主伐時代に備える
—皆伐施業ガイドラインから再造林まで

全国林業改良普及協会 編

林業改良普及双書 No.184

まえがき

いま、「皆伐」という収穫手段を選択肢として検討する場面が広がっています。

皆伐はもちろん想定されている収穫方法ですが、技術的、生態的、持続的経営面など、さまざまな意味でインパクトがあります。林業を持続し、地域経営を支えるという大目的から見て、皆伐の意味、効果を最大に生かすために、いま準備しておくことがあるはずです。さらに伐採後の更新が林業持続の絶対条件となります

「皆伐」に備え、いま準備しておくべきさまざまな項目のうち、本書では、以下をテーマとして取り上げます。

1. 皆伐施業の指針・ルールづくりとその普及方法
2. 皆伐後の再造林実行のしくみづくり
3. 森林所有者への普及・支援—再造林に向けて

まず、「皆伐」を導入する（迎える）ため、準備すべき項目を整理しました。また、皆伐・更新のルールを定めたガイドライン事例一覧も掲載しました。

さらには、民有林に関して、ガイドラインづくりの過程、ガイドラインに込めた意味、そし

て実効性を高める工夫などを、全国の事例から紹介しました。

また、再造林では、苗木の確保が課題として今クローズアップされてきています。苗木生産者が大きく減少している中で、いかに地域で安定的に苗木を確保していくかが課題になってきます。苗木確保の課題を整理するとともに、地域で苗木生産をするモデル事例の取り組みを紹介します。とりわけ、
・苗木の生産方法、苗木タイプ、品質（品種等）
・苗木の地域内サプライチェーン・マネジメント
・生産技術、人材確保、その支援方法
について、事例を引きながら紹介しました。

本書の取りまとめに当たりましては、全国の林業関係者、都道府県林業普及指導事業主管課にお世話になりました。本当にありがとうございました。

平成二十九年一月　**全国林業改良普及協会**

目次

第2編　事例紹介―再造林経費を補助する民間支援

第3編　再造林苗木をどう確保するか―地域自給型生産を探る

資料編　皆伐、更新を含む施業方法の指針・ガイドライン

第１編

伐採・更新ガイドラインと再造林実行のしくみ
―「皆伐」を迎えるため、いま準備しておくこと

解説

「皆伐」に備え、いま準備しておくこととは

編集部

「皆伐」という収穫手段を選択肢として検討する。そんな場面が広がってくるかもしれません。皆伐は、効率的ではあるものの、マイナス効果が出ないような配慮が必要です。さらに伐採後の更新が林業持続の絶対条件となります。

「皆伐」をうまく使いこなすには、ルールやしくみが必要ではないか。その内容はどう検討したらいいのか。そんな疑問への答えを全国の事例に求めました。

まず、「皆伐」を使いこなす（迎える）ため、準備すべき項目を整理しました。また、皆伐・更新のルールを定めたガイドライン事例一覧も掲載しました。

次に、ガイドラインづくりの過程、ガイドラインに込めた意味、そして実効性を高める工夫などを、鹿児島県と郡上市（岐阜県）の事例から紹介します。

林業の持続のために必要なこと

主伐としての皆伐が、今後広がると見る読者も少なくないと思います。森林所有者側の事情、需要者側の事情など、さまざまな理由で皆伐が選択されるのでしょう。予定より早くその時期が訪れるのではという見方もあります。

皆伐はもちろん想定されている収穫方法ですが、技術的、生態的、持続的経営面など、さまざまな意味でインパクトがあります。林業を持続し、地域経営を支えるという大目的から見て、皆伐の意味、効果を最大に生かすために、いま準備しておくことがあるはずです。それを整理しました。

「皆伐」に備え、いま準備しておくべき項目例を挙げると、次のとおりです。本編では、このうち１～３に絞って紹介していきます。

1. 皆伐施業の指針・ルールづくりとその普及方法
2. 皆伐後の再造林実行のしくみづくり
3. 森林所有者への普及・支援─再造林に向けて
4. 技術向上─造林技術、低コスト技術の開発、実証、普及

5．造林の妨げとなる要因への対策―シカ被害等
6．資源計画・生産計画と森づくり指針、育林施業体系の改訂
　低コスト造林（低密度造林を含む）に対応した育林施業体系など

1、皆伐施業の指針・ルールづくりとその普及方法

皆伐は効率的な収穫方法ですが、林地の環境、土壌、河川などへのマイナスの影響が懸念されるのも事実です。そこで求められるのが一定の基準、ルールです。伐採及び更新の基本的考え方は、市町村森林整備計画に示されており、標準的な施業方法の根拠となるものです。

より具体的、現場に即した明確な施業ルールの先行事例として、伐出を行う素材生産事業者自らが定めたガイドライン例があります。

素材生産事業者らで構成される団体・ひむか維森の会（宮崎県、134頁）の伐採搬出ガイドライン（平成20年）です。

その内容は、伐採契約・準備、路網・土場開設、伐採・造材・集運材、更新・後始末、健全な事業活動（労働安全衛生、雇用改善等）にまで及び、具体的な施業方法を含め、詳細な内容が示されています。並行して「責任ある素材生産事業体認証制度」（第三者機関による）を運用し、森林所有者から信頼される技術、事業者である姿を目指して活動しています。

さらに皆伐施業のルールをより具体的に盛り込んだガイドラインとして、鹿児島県（29頁～）、岐阜県郡上市（43頁～）を紹介しました。

いずれも、専門家など外部委員、素材生産事業者など伐採を行う当事者を交えた議論でまとめた内容であり、ガイドラインづくりの過程そのものが関係業界、行政機関の合意形成活動として捉えることができます。その土台があってこそ、ガイドライン遵守や再造林活動支援実践へ繋がっている点も注目されます。

ガイドラインとしての効力という点で見ると、ひむか維新の会、鹿児島県、郡上市のいずれの事例も自主規範（罰則等のない）と言えます。そして、伐採後の再造林・更新実現を見据えた点も共通しています。（次頁の表1　皆伐を含む施業方法の指針・ガイドライン事例を参照）

海外の皆伐（施業）に関するルールとしては、アメリカのベストマネジメント・プラクティス（BMP）が参考になります。興味深いのは、水質保全を目的とした連邦法（水質浄化法／

表１　皆伐を含む施業方法の指針・ガイドライン事例

<table>
<tr><th>エリア・
規模</th><th colspan="6">計画書名</th></tr>
<tr><td colspan="7">森林計画制度での計画書に示される施業方法の指針</td></tr>
<tr><td>都道府県
作成</td><td colspan="6">地域森林計画書</td></tr>
<tr><td>市町村
作成</td><td colspan="6">市町村森林整備計画書</td></tr>
<tr><td>国有林（森林管理局）
作成</td><td colspan="6">地域別の森林計画書</td></tr>
<tr><td colspan="7">独自に作成された皆伐等施業方法の指針（普通林対象）</td></tr>
<tr><th>エリア・
規模</th><th>地域</th><th>指針・ガイドラインの名称</th><th>作成主体</th><th>策定・
開始時期</th><th>内容</th><th>ポイント等</th></tr>
<tr><td rowspan="7">都道府県</td><td>長野県</td><td>皆伐施業後の更新の手引き
★</td><td>長野県</td><td>平成27年３月</td><td>更新方法と判断基準、皆伐施業の制限等、被害リスクの判断（獣害等）、更新施業後の判断、経費負担（コスト試算等）</td><td>皆伐後の確実な更新を目指し、技術・方法を提示。皆伐施業で起こりうるリスクを含めた知見を整理した手引き書。</td></tr>
<tr><td rowspan="3">鹿児島県</td><td>責任ある素材生産業のための行動規範</td><td>県素生協、県森連</td><td>平成27年度末</td><td>実務にあたる業界の統一ルールを提示。
責任ある素材生産業のための行動規範、伐採契約・準備、路網・土場開設、伐採・造林・集運材、後始末、健全な事業活動。</td><td rowspan="3">行政・業界一体による全県あげた長期ビジョンに基づく再造林条件整備</td></tr>
<tr><td>未来の森づくり推進方針</td><td rowspan="2">鹿児島県</td><td>平成27年２月</td><td>県の再造林のビジョン提示</td></tr>
<tr><td>森林伐採・搬出・更新の手引き</td><td>平成24年２月</td><td>行政として伐採搬出更新に留意すべき点を提示。
伐採（皆伐）、搬出、更新、伐採・造林プラン作成表、伐採事前確認フロー図</td></tr>
<tr><td>愛媛県</td><td>皆伐・更新等に関する指針</td><td>愛媛県</td><td>平成26年３月</td><td>伐採のチェック＆フロー。伐採と更新等の施業フロー図、森林施業上の技術的注意点、環境配慮の努力目標。</td><td>人工林の皆伐後の再造林、天然更新の留意点を示し、将来の森林管理の選択のための基準を提示している。</td></tr>
<tr><td>高知県</td><td>皆伐と更新に関する指針
★</td><td>高知県</td><td>平成24年９月</td><td>伐採と更新のチェック（フロー図）で適切な施業方法を確認できる。皆伐面積での注意事項付記。関係法令に関する説明、環境への配慮。</td><td>フロー図で施業方法選択、チェックが出来る。再造林樹種の特性、天然更新に関する技術解説付き。</td></tr>
<tr><td>北海道</td><td>北海道における適切な森林整備等の実施に向けた指針</td><td>北海道</td><td>平成24年８月</td><td>関係法令、施業実施に当たっての留意事項、合法木材に関する事項、労働安全衛生に関する事項。</td><td>「北海道林業事業体登録制度」創設に当たり、合わせてガイドラインを示した。</td></tr>
</table>

★印のあるものは資料編で、一部抜粋し掲載しています。

エリア・規模	地域	指針・ガイドラインの名称	作成主体	策定・開始時期	内容	ポイント等
市町村	岐阜県郡上市	郡上市皆伐施業ガイドライン★	郡上市	平成26年２月	皆伐施業のためのガイドライン。伐採前の手続きと計画作成、伐採（皆伐カ所、皆伐面積、伐採作業）と作業道の開設、伐採後の更新、管理、参考資料として皆伐施業における手続き等の流れ、皆伐作業中に設置する看板の説明、皆伐作業計画書、皆伐前のチェックリストなど。	市で皆伐施業のガイドライン検討部会による検討会を４回開催し報告書をまとめ作成。
	長崎県対馬市	対馬市伐採ガイドライン	対馬市	平成25年９月	膨大なボリュームでまとめられた伐採ガイドライン。実効性も考慮。伐採計画、路網・土場開設、伐木造材・集運材、更新・完了報告、参考資料に市内の河川流域・水文解析。	森林の多面的機能の確保に根ざした持続可能な林業を行うための伐採ガイドライン。対馬市森林づくり委員会による９回にわたる委員会で作成。
	大分県佐伯市	佐伯市「森林の伐採に関するガイドライン」	佐伯市	平成28年３月	伐採、作業路、林地残材	
業界団体	宮崎県	伐採搬出ガイドライン★	ひむか維森の会	平成20年６月	伐採契約・準備、路網・土場開設（使用目的・期間に応じた開設、林地保全に配慮した路網・土場設置、民家、一般道水源地付近での配慮、生態系と景観保全への配慮、切土・盛土と法面の処理、路面の保護と排水の処理、谷川横断カ所の処理）、伐採・造材・集運材、更新・後始末、健全な事業活動（労働安全衛生、雇用改善、作業請け負わせ、技術向上と事業改善、業界活動・社会貢献活動）	策定後、２回改訂
	大分県	素材生産活動の適正化のための自主的行動規範	大分県森連、造林素材生産事業協同組合ほか	平成20年４月	自主行動規範	43社が賛同、県内シェア３／４
研究機関		大面積皆伐についてガイドラインの作成	森林総合研究所	平成22年３月	「大面積皆伐跡地の植生回復手法の開発」「皆伐跡地における崩壊発生ポテンシャル算定手法の開発」「大面積皆伐地対策手法の開発」の研究成果	研究成果の利活用

クリーンウォーター・アクト）が根拠となっている点です。この連邦法がいわば基本法的な意味合いを持ち、実行面の施業規程は州政府が個別に定めています。従って、州により内容はさまざまですが、伐採や造林、路網管理、水辺林管理など非常に具体的な施業方法を規定した技術マニュアルとなっている点に特徴があります。

その効力も州それぞれで、①完全任意型、②強制執行付任意型、③義務型、④混合型、の4つに区分されます。（資料：森林総合研究所「大面積皆伐についてのガイドラインの策定」2010・3）

技術支援、再造林支援への橋渡し

話をわが国の皆伐ガイドラインに戻します。ガイドラインは作っただけでは意味が半減してしまいます。どのように実行に移すか、ガイドラインを順守した施業を行うかです。

1つのポイントは、伐採届です。（保安林以外の）普通林の場合、森林経営計画無しですと、事前の伐採届（市町村長へ提出）が義務付けられます。この届けの際、市町村担当者と伐採を行う事業者との接点が生まれます。その場面で、施業方法の確認や指導を行う際の根拠として、ガイドラインがあると説明が容易ですし、示される側も分かりやすいでしょう。

大分県のように森林経営計画の有無にかかわらず「普通林」の事前伐採届提出を呼びかけている場合はなおさらです。森林経営計画内での皆伐施業であっても、事業者にガイドラインを示しながら事前に指導や注意を呼びかけることが可能となります。（資料：大分県伐採届、伐採許可申請等の運用、平成25年9月2日施行）

もう1つのポイントは、ガイドライン（策定過程）が県による市町村への技術指導・支援の橋渡しとなることです。

「普通林」の伐採届は、市町村に提出されますが、その内容の確認・精査にはガイドラインがあっても技術的・専門的な眼が必要となります。まとまった伐採面積で、事業者立ち会いで現地確認が行われる場合は、なおさらです。仮に市町村担当者が重荷に感じた場合、ガイドライン策定に関わった県への支援を求めるなど、連携がやりやすくなるという副次効果も生まれます。ここは都道府県フォレスター（森林総合監理士）の出番と言ってもいいのではないでしょうか。

伐採届という事業者との接点は、技術指導の機会ともなります。それを最大限に生かし、伐採施業のレベルアップを図る工夫が求められます。

2、皆伐後の再造林実行のしくみづくり

いま準備しておくべきことの第2は、皆伐後の再造林です。再造林無しの伐採では、収穫ではなく単なる資源収奪になってしまいかねません。収穫しつつ、林業の土台を維持する。その絶対必要条件が再造林です。

とは言え、再造林の必要性を誰もが理解していても、実行できるかどうかとなると別問題です。造林経費、将来の見込み、シカ問題などさまざまな要因から森林所有者が尻込みされるのも事実。それを踏まえ、再造林をどう実行するか、そのしくみを整える必要があるのです。

1つは伐採と再造林の事業者がバラバラではなく、連携して計画・実行に当たるしくみです。例えば、伐採を担う素材生産事業者と造林を担う森林組合が計画段階から実行まで情報を共有したり、低コストの一貫作業技術を共同研究・共有したり、さらには苗木生産者も加わり先を見越した苗木生産・需給調整などを行うことで、皆伐から造林実行への動きをスムーズにできます。

この事例としては、29頁~で紹介する鹿児島県の各地域の再造林推進組織作りが挙げられます。市町村、森林組合、素材生産業者、苗木生産者、林業普及指導員らで構成する「再造林推

進連絡会」です。

森林組合と素材生産事業者との業務提携

また個別に素材生産業者と森林組合が連携する取り組みも行われています。

例えば、山口県周南森林組合は素材生産業者６社と協定を締結し、皆伐から再造林を連携して行ってきました。これは県周南農林事務所からの提案（協定書ひな形を含む）を受けて、平成25年に協定締結に至っています。

「木材の生産及び再造林に関する協定書」の概要は次のとおり。

（目的）木材安定供給と再造林の確実な実施。

（協定期間）２年（２年間延長）

（対象区域）

（森林所有者との交渉における連携）素材牛産業者が立木売買交渉の際、伐採後の再造林実施に向け、森林所有者の理解を得られるよう森林組合が助言、協力する。

（現場作業の連携）素材生産業者は、作業道開設、林地残材処理等について、再造林を前提とした作業を行う。森林組合は、再造林実施時に効率的な作業を行い、低コストに努める。

実際の業務提携としては、次のような流れになっています。
①森林所有者との立木売買契約により、素材生産業者が皆伐作業を実施。
②森林所有者の情報（再造林の意志）を伐採前に、素材生産業者が周南森林組合へ情報提供。
③素材生産業者は、周南森林組合の意向を踏まえ、再造林に支障が出ないように次の作業を行う。
・地拵えの徹底、枝葉はバイオマス資源として搬出。
・苗木が活着しやすいように、木材搬出時に谷部の硬化した自山を耕転する。
・苗木が活着しやすいように、機械搬入路は可能な限り自山を原形復旧する。
これらの施業方法により、きれいな皆伐跡地になり、地拵え不要なので、山主自らが植栽を行うことも可能など、山主側にとってもメリットがあるとされています。

（資料：平成27年「森林・林業活力強化プロジェクト推進発表会」山口県周南農林事務所発表資料より）

再造林経費を補助する民間支援

　また、森林所有者の経費負担を軽減するしくみも検討、実施されてます。造林補助などの公的支援とは別に、素材生産、製材加工、さらには住宅業界などが参画した造林経費軽減の連携取り組みです。例を挙げます。

（資料：大分県農林水産部「次世代の大分森林づくりビジョン」平成25年）

〈造林経費支援の事例（民間団体）〉（各事例の詳しい事業内容は第2編に掲載）

●北海道の「人工林資源保続支援基金」（平成24年設立）：製材加工、チップ等　事業者による協力金支出を財源にコンテナ苗無償提供事業などを実施。

●山口県の「やまぐち木と家のネットワーク」再造林支援制度（平成27年度創設）：県森林組合連合会、県木材組合、製材加工、プレカット、工務店が構成員。再造林の苗木購入経費補助（国・県の造林補助金に上乗せ補助）。

●徳島県の「にし阿波循環型林業支援機構の再造林支援システム」（平成25年設立：再造林経費を助成し、チューブ等の獣害対策を支援。

●大分県の「再造林支援システム」（森林再生機構／平成22年創設）：低コスト再造林へ補助

図１　林業・木材業界による再造林支援システム

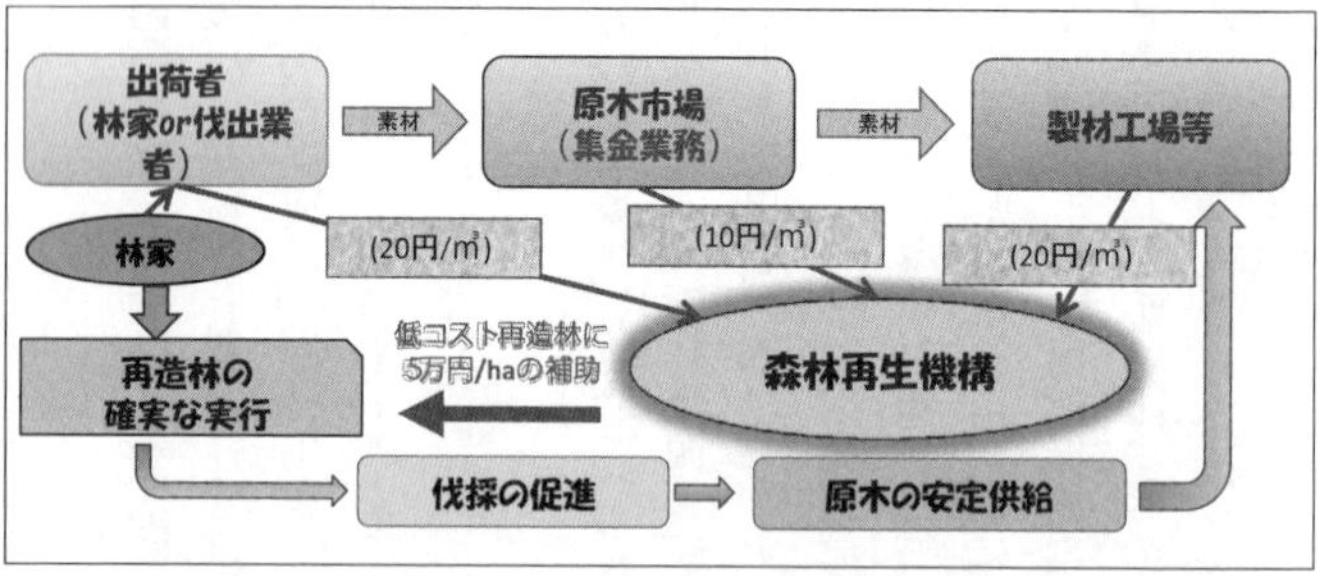

低コスト再造林に対し５万円（ha当たり）の補助。森林環境税を活用した再造林への助成と合わせ、約90％（国51％、県32％、業界７％程度）の高率助成制度とした。

（図１参照）。

国・県による公的造林補助に加え、こうした民間による経費支援も今後広がってくるようです。

ところで、造林支援（木材生産林）については、どちらかといえば、公益的機能という側面から必要性が理由付けられている印象があります。それはそれでもちろん納得できることですし、社会的にも説得力を持ちます。

もう１つとして、社会経済的な面での理由付けも意識されてもいいのではないでしょうか。すなわち、造林後の森林が将来にわたり、どれだけの雇用・仕事を約束してくれるかです。環境負荷となるものを一切出さず、環境をつくり、初期保育以降のさまざまな手入れ、そして搬出間伐・材の利用などを通じ、長期に渡り雇用を生み出す装置（資本財）としての意味です。それを雇用が少ない山間地に作り出してくれる社会経済的意味はもっと評価されていいように思います。

３、森林所有者への普及・支援―造林経験がない

造林経費への支援とは別に、どのような森林所有者への普及支援が考えられるのでしょうか。山主さんの立場で考えた場合、造林に対する不安、懸念といったものがあるように思います。なぜなら、いまの山主世代では、造林経験がない層が多数派を占めるからです。誰しも経験がない事業には尻込みしてしまいます。将来いろいろな経費が発生する事業に、世帯として取り組む意味はあるのだろうか。そんな疑問も持たれるかもしれません。

そこを考えた普及方法、語りかけの工夫が求められるでしょう。

「２、皆伐後の再造林実行のしくみづくり」で紹介した、山口県の事例（森林組合と素材生産事業者の業務提携）では、森林所有者への呼びかけ（森林組合地区座談会、林研グループ総会等）でこんな場面があるはずです。皆伐と再造林を一体とした説明が行われ、協定締結の素

材生産業者を森林組合が紹介してくれ、その素材生産業者がきれいな伐採跡地へと戻してくれる。そのことだけでも、山主さんの信頼や安心感が高まるのではないでしょうか。

経費負担についてはもちろん、伐採や更新についての不安、疑問もあるはずです。例えば、経費負担を軽減するさまざまな制度説明、伐採・更新方法を具体的に規定したガイドライン。こうした根拠があることは、山主さんの不安を解消する大いなる説得力となるでしょう。

事例1　鹿児島県

県を挙げての伐採・搬出・再造林のルールづくりと普及啓発

―地域に実行組織立ち上げ

行政による「伐採・搬出・更新の手引き」や「未来の森林づくり推進方針」と、業界団体による行動規範とガイドラインにより、持続可能な森林経営のためのルールづくりとその実用に向けて全県挙げた取り組みを進めている鹿児島県。その背景と考え方を探るために鹿児島県森林経営課を訪ね、お話を伺いました。

鹿児島県の伐採～再造林のルールづくり

鹿児島県では、平成24年2月に「森林伐採・搬出・更新の手引き～持続可能な森林経営のための行動マニュアル～（以下、伐採マニュアル）」を作成。続いて平成27年2月に「未来の森林づくり推進方針～再造林により豊かな森林を未来に引き継ぐために～（以下、森林づくり方針）」を策定しています。

さらに平成28年2月には鹿児島県森林組合連合会（県森連）と鹿児島県素材生産業協同組合連合会（県素協）で「責任ある素材生産業のための行動規範」「伐採・搬出・再造林ガイドライン」を策定するに至っています。

つまり県が伐採ルール、再造林の方針や進め方を示し、それを受けて県内の業界団体が自主規範を策定して実用性を持たせています。

こうした一連の流れがどのように作られたのか、県主導の視点から紹介してみましょう。

更新まで踏み込んだ市町村向け「伐採マニュアル」

まずは「伐採マニュアル」についてです。これは皆伐にあたって①伐採、②搬出、③更新のルールを示した内容になっています。

具体的な内容を掻い摘んでみると、①伐採であれば、皆伐を避けるべき箇所の条件、皆伐面積は20ha以内が望ましい。20ha以上の皆伐地では尾根筋や伐採箇所間に20m程度の帯状の森林を残す等。②搬出では、皆伐地での路網整備の考え方として、壊れにくい路網の設置や土砂災害防止のための対応策等。③更新では、皆伐地での再造林の為の取り組みとして、所有者への働きかけや皆伐と植林の一貫作業の考え方の更新方法等。特に、森林所有者が再造林の費用を確保しやすくするために「伐採・造林プラン」の雛形がついています。

このマニュアルは、行政、主に市町村向けに作成されたもので、各市町村に配布されています。市町村は平成20年の森林法改正により、民有林の伐採届事務を県から移譲されていることから、伐採届提出時に、伐採業者を指導する際の拠り所として、こうした技術的なマニュアルが使用されています。

そもそも伐採マニュアル作成の背景はどこにあったのでしょうか。

鹿児島県では、平成22年度に策定した「森林・林業振興基本計画」において、平成32年までに年間１００万㎥の木材生産量達成を目標に掲げています。そのため皆伐による木材生産が加速することが予想されたため、従来の「森林伐採の手引き」に加え、搬出に係る注意点や、大規模皆伐後の植林放棄による災害防止策として、更新まで踏み込んだマニュアルが必要とされたという経緯があります。

技術主幹兼森林計画係長の追立俊宏さんによれば、作成するに当たって、行政（県担当課）、研究機関（県森林技術総合センター、鹿児島大学）、関係業界（県森連、県素協等）による検討会を設置し、実効性を重視した内容になるよう努めたということです。

こうしたこともあり、伐採マニュアルを配布し、取り組んでからは、20 haを超えるような大規模伐採はほとんどないということです。

再造林目標と方策を示した「森林づくり方針」

県では、平成24年2月の伐採マニュアル策定後、平成27年2月には「森林づくり方針」を策定しました。これは人工林の更新に関する基本的な考え方と再造林の目標及び、再造林推進のための4つの展開方策を示したものです。

その策定理由として、前述した伐採マニュアルを作成した後に、県内でも大型木材加工施設や木質バイオマス発電施設の建設が計画され、伐採面積の増加が予想されたことがありました。

さらに、近隣の熊本県、大分県、宮崎県の状況に比べ、伐採面積は少ないものの再造林率は３割程度と著しく低い状況にあったことなどから、このままでは伐採放棄地の増大さらには将来の資源の確保も心配されました。

そこでまず、再造林の考え方を整理しようということで、平成25年度は1年かけて各セクションの情報を持ち寄って情報を蓄積・整理し、平成26年度には、外部識者も交えてその意見を取り入れ、「森林づくり方針」を策定しました。

県として目標を数値で示すこととし、平成32年での年間１００万㎥の木材生産に必要な伐採面積を１１００haと想定し、その8割に当たる９００haを再造林目標と定めました。

それを実行するために、人工林の更新に関する基本的考え方を示した上で、目標に対して、次の４つの展開方策について関係者一体となって取り組むこととしています。

①造林・保育コストの低減
②造林・保育に必要な労働力の確保・育成
③優良苗木の安定供給体制づくり
④再造林推進に係る体制づくり

森林育成係技術専門員の中津濵康照さんはポイントをこう言います。

「森林づくりは世代を超えた長い時間軸での取り組みが必要ですので、関係者が問題意識を共有して課題解決に一体となって取り組む姿勢を重視して方針を示しました」。

再造林推進のための母体組織の設置

県は「森林づくり方針」の４つの展開方策の実行を円滑に進めるため、平成27年度から再造林推進のための組織活動の推進に力を入れています。ここがこの事例で注目したいポイントです。

森林・林業関係者が一体となった取り組みを推進するために、まず、県内の中核的な森林組合や素材生産業者、苗木生産者、県森連、県素協、県苗組、学識経験者、普及員で構成される「県再造林推進対策会議（以下、県対策会議）」を設置。ここで施策の方向性を提示します。

そしてこの下部組織として、「鹿児島」「南薩」「北薩」「姶良・伊佐」「大隅」の５地域に「再造林推進連絡会（以下、地域連絡会）」を設置。地域一体となった再造林の推進母体となります。

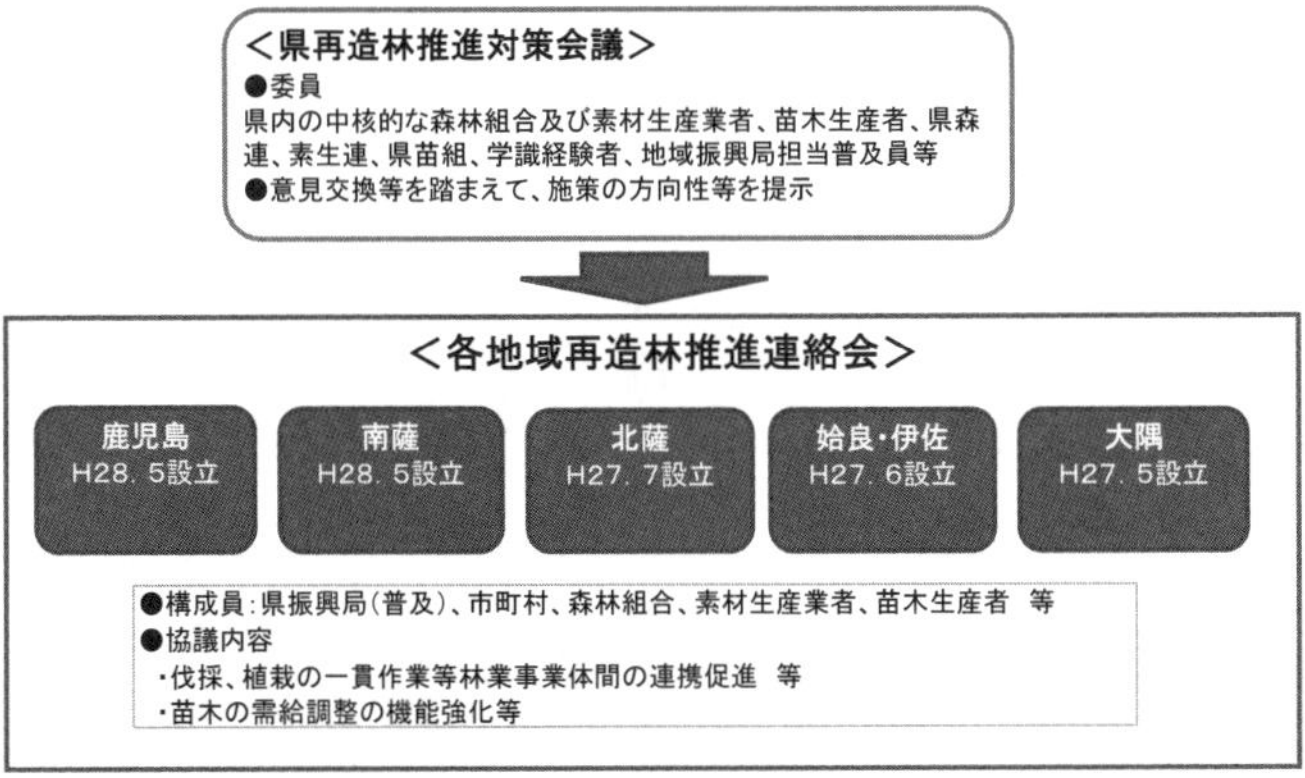
＜県再造林推進対策会議＞
●委員
県内の中核的な森林組合及び素材生産業者、苗木生産者、県森連、素生連、県苗組、学識経験者、地域振興局担当普及員等
●意見交換等を踏まえて、施策の方向性等を提示
＜各地域再造林推進連絡会＞
鹿児島 H28. 5設立
南薩 H28. 5設立
北薩 H27. 7設立
姶良・伊佐 H27. 6設立
大隅 H27. 5設立
●構成員：県振興局（普及）、市町村、森林組合、素材生産業者、苗木生産者　等
●協議内容
・伐採、植栽の一貫作業等林業事業体間の連携促進　等
・苗木の需給調整の機能強化等

図１　再造林推進に係る組織活動の促進
資料：鹿児島県資料

地域連絡会は、県（振興局）、市町村、森林組合、素材生産業者、苗木生産者で構成され、主に伐採から植栽までの一貫作業に向けた事業体間の連携促進や、苗木の需給調整などを行っています（図1参照）。

「まずは900haの再造林目標があります。そこで森林づくり方針の4つの展開方策に基づいて、例えばコスト低減であれば一貫作業を地域で進めましょうとか、コンテナ苗の生産に取り組みましょうとか、普及サイドの主導で地域の関係者に対して再造林の意識の向上や技術の習得に努めてきました。例えば、研修会開催などを通じて普及サイドの森林総合監理士（フォレスター）の主導で一生懸命取り組んできました」と中津濱さん。

地域連絡会を通じて一貫作業ではどのように現

場プレイヤーの意識が変わってきたのか。

「意識が芽生えつつあるという感じです。実際にモデル的に取り組んでいる地域がありますが、従来、植林に関わっていなかった素材生産業者から、地拵えの棚はこれでよいのかとか非常に心配しながらやりましたという声が何回か聞かれました。今後まだまだ技術も意識も含めて普及啓発が必要だと思います」と語る中津濱さん。

4つの展開方策の1つに「再造林推進に係る体制づくり」を掲げていますが、肝心の森林所有者への普及啓発はどうなのでしょうか。

「隣県に比べ再造林率に大きな乖離があることに悩みました。原因は隣県に比べ所有規模が小さいことだと考えました。そこで、まず森林所有者さんへの意識付けの推進体制が必要だと考え、この柱を立てたわけです。地道な活動しかしていないのですが、これを一生懸命やっていくことを示したのです」。

具体的には再造林の最終決定者である森林所有者に対して、森林施業プランナーが伐採から再造林までのプラン書をきちんと提示して快く賛同してもらうために、森林施業プランナー育成や森林所有者への再造林の必要性の普及啓発などを行っています。

県ではこうした県対策会議、地域連絡会の体制づくりのために平成28年度県単独事業で「かごしま未来の森林づくり促進強化事業」を立ち上げ支援することとしています。

業界の自主的規範

一方で、実際のプレイヤーである民間の素材生産業界でも自主ルールを設ける動きが出てきました。

平成28年2月に県森林組合連合会（県森連）と県素材生産業共同組合連合会（県素協）とで「責任ある素材生産業のための行動規範」「伐採・搬出・再造林ガイドライン（以下、ガイドライン）」を策定しました。

資源の枯渇への危機感と、業界ガイドラインのパイオニアである宮崎県の「ひむか維新の会」からのアドバイスもあり、自主規範とガイドライン作成に至った経緯があります。

さらに、せっかく取り組むならば森林組合と一緒になって県内の素材生産関係業界挙げての自主規範とガイドラインを目指しました。これによりそれまであまり接点のなかった民間の素材生産業者と森林組合との協力体制の構築を一挙に推進できる環境ができました。

このガイドラインの特徴として「再造林」が項目として立てられています。これはオブザーバーである県からの働きかけがあったということです。

構成メンバーは素材生産業者や森林組合で、それぞれの総会や役員会で各所属の組合員に対して周知の上、各業界で機関決定をします。つまり県内の伐採プレイヤーの隅々にまで、このガイドラインを通じた再造林への意識啓発の徹底が期待されます。

将来的には第三者機関を設けて認証制度まで取り組む予定です。また森林所有者の自己負担を軽減するための支援策の検討がガイドラインに明記されているのが光ります。

では業界の自主ガイドラインのメリットはどこにあるのでしょうか。

「自分たちがしっかりガイドラインに則って仕事をする姿勢をアピールすることで、森林所有者に信頼され指名されます。そのことで県外業者も含め、業界全体のレベルが向上する狙いもあるのではないかと思います」と森林経営課技術補佐の田實秀信さんは説明します。

森林経営計画を核に民間事業体と森林組合の連携を

県では再造林に当たって森林経営計画を核に進めています。計画指導係長の的場吉郎さんはこう説明します。

「再造林実行のためには伐採事業者と造林事業者の連携が欠かせません。そのため森林経営計画をまずは立てて、それを基に1年、2年先まで見込んだ伐採、造林計画を立て、それぞれの事業を確実かつ計画的に実行してもらうようにお願いをしています」。

それでは立木買いなどで伐採を行う民間の素材生産業者はどうするのでしょうか。

「民間の素材生産業者の多くの方が森林経営計画を立てています。ですからその事業地が森林経営計画を立てていなければ、伐採前に自らが森林経営計画を作成するか、それが難しい場合は他の森林経営計画作成者と調整して、伐採・造林の連携を図るようにお願いしています」

と的場さんは続けます。

具体的なイメージとしては、立木買いした現場が森林経営計画を立てていない場合、森林組合などと連携して森林経営計画に現場を入れこんで、さらに伐採後に造林を担当する森林組合がスムーズに作業に入れるよう事前に調整を図るということです。

既にある地域連絡会でモデル地区を設定して実践活動に繋げています。

優良苗木の安定供給体制づくり

苗木の安定供給についてはどのように進めているのでしょうか。

前述の「森林づくり方針」の展開方策にも掲げられていますが、現状200ha程度の植林面積を900haにするためには苗木の増産が不可欠です。九州では挿し木がメインですので、挿し木の母樹が必要であるということで、母樹園の整備等を進めています。

また苗木生産者が高齢化するとともに減少しているため、新たな生産者育成にも力を入れています。具体的には組織として造林に取り組んでいる森林組合等が苗木生産から造林、下刈りまで一貫的に進めることを目指しています。

そのため、既存の苗木生産者と新たに苗木生産に取り組みたい森林組合等が協定を結んで、苗木生産業者が生産技術を提供する代わりに不足している労働力を森林組合等から加勢してもらう手法で育成を進めています。

お話を伺った鹿児島県森林経営課の皆さん。左から、吉元英樹・森林育成係長、追立俊宏・森林計画係長、田實秀信・技術補佐、的場吉郎・計画指導係長、中津濱康照・森林育成係技術専門員

造林班を抱える森林組合等も危機感を持っており、将来的には自分たちで苗木を生産することで苗木を安定的に賄うメリットがあります。森林組合からは職員1名と作業班2～3名が一緒に出向いて技術を習得します。現に大隅地域の森林組合ではこうした取り組みを進めているということです。

基本的に森林組合が生産するのはコンテナ苗です。それで植林の省力化、通年化を図っています。またコンテナ苗生産の初期投資も大きいので、ある程度の会社組織でないと難しい面もあります。

「全国的に苗木ビジネスがホットになってきていますが、やはり地域で植える苗木は地域で確保して頂きたいと考えています」と的場さん。

いずれにしても各地域の地域連絡会で苗木の需給を調整し、需要に応じた苗木生産に向けた動きに繋げていくそうです。

以上、鹿児島県の伐採から再造林までの取り組みを紹介しました。これらの取り組みは県が業界団体や学識者の意見を取りまとめ、ルールや考え方を示した上で、各地域の行政や業界団体が一体となって普及啓発を通じて実行に移していく1つのモデルとして参考になると思われます。


（取材・まとめ／編集部）

事例２　岐阜県郡上市

市町村による皆伐ガイドラインの作成のポイントを聞く

岐阜県郡上市では市が皆伐施業ガイドラインを作成し、市内の伐採から再造林までのルールづくりと実用の推進を図っています。その考え方や課題、取り組みなどについて郡上市農林水産部林務課の河合智主幹、日置欽昭主任主査、河合由希子主査にお話を伺いました。

市の実情にあったルールの必要性

編集部　市で皆伐施業ガイドラインを作成した経緯を教えてください。

日置　具体的に話が出てきたのが平成24年度です。それ以前から郡上市内で立木買いで皆伐した後に再造林しないという山が増え始めていました。そんな中、ある地域で60ha程度の皆伐予

左から日置欽昭主任主査、河合由希子主査、河合智主幹

定の伐採届が出てきました。市では市町村森林整備計画書に記載されている施業方針を拠り所にするのですが、地域の実情にどう合わせて読み解けばよいのかよく分かりませんでした。

そんな中、大型製材工場が市内に進出する話も入ってきて、そうなれば一層皆伐が進むことも予想されますし、市外からも素性の分からない伐採業者が入ってくるかもしれない。そこで市として何かしらのルールづくりをしなければという話が、市の中からも出てきました。

ちなみに郡上市には林業関係者・有識者・市民などで構成された「郡上市森林づくり推進会議（以下、推進会議）」という機関があります。そこで様々な問題提起と問題解決に向けた方策を練り、これまで市長への提言も行って頂いていますが、そこでも同様の問題意識を持って頂いておりました。それならば推進会議の中で部会を設けていろいろ意見を頂きながら皆伐施業のガイドラインを作っていこうという話になりました。

市が事務局を担い、県の郡上農林事務所の普及員の方に指導を頂きながら、案を作っていったという流れです。

そこで市町村森林整備計画や県の伐採届のマニュアル、天然更新の完了基準書など、いろいろ見ながら、森林所有者に何をして頂くべきか、素材生産業者には何をして頂くべきかをわかりやすく作ろうとしました。

さらに地域の実情を把握するため、県の普及員の方の指導を受けながら、市内の皆伐現場を調査しました。そこで更新の状況、例えばサリ等が繁茂しているところは更新がなかなかされないとか、シカ害がひどいところは更新がなかなか進まないとか、実際の現場を見ながら、現場に合った方針を付け加えてガイドラインを作っていきました。

その間、４回開催された部会にその都度報告させて頂きながら委員からご意見を頂くという形で進め、平成26年２月にガイドラインを策定いたしました。

郡上市は素材生産業者をはじめ、林業に携わる方々の熱意がかなりある地域です。市の林業を将来どうしていくかという意識が高い方たちばかりなので、建設的に議論して頂けるところが大きいかと思います。

このガイドラインを絶好の機会と捉え、上手に活用して地域林業を活性化していこうという前向きな思いも含めて作成されています。

編集部 市としてガイドラインがあったことのメリットは?

河合（由） 素材生産業者から質問があっても自信を持って説明できる拠り所があるのは大きいです。例えばどうしても植栽本数を少なめに植えようという傾向がありますが、その時でも1000本／ha以上という決めごとがあることを説明します。やはり皆が納得できる根拠があるのは強みです。

伐採業者に意識の変化も

編集部 実際、ガイドラインを作られてどんな変化がありましたか。

河合（由） 面積が1ha以上の皆伐ですと、皆伐施業ガイドラインの届出が伐採業者から提出

市と県による現場での指導風景

されます。その際、県の普及員と市の担当者とで現場に足を運び立ち会ってもらいます。ほとんどの伐採業者の方には立ち会って頂けます。その時にこの辺りの木は残してくださいとか、天然更新を選択するならば母樹はこの辺に残してくださいとか指導させてもらっています。

さらに今年は、伐採業者向けのガイドラインの説明会を開催したいと考えています。また、市の広報誌にも載せたいと思っています。私は昨年担当になったばかりで、まだ現場で個別にしか指導はできなかったのですが。

編集部　地元の伐採業者も植林意識が高くなっているのですか。

河合（由）　かなり高くなってきていると思います。森林所有者に植栽しませんかと伐採業者から呼びかけて頂けることもあり、それなら植えようかなと仰る所有者もいらっしゃいました。
また、「ここは何か植えた方が良いかな」とか、「ここは天然更新でも良いのでは」と市に逆に聞いて頂けたりすることもありました。

日置　そもそも立木買いの伐採業者は伐採後の更新の認識がありませんでした。しかし、今回のガイドライン作成時に県の普及員から伐採業者には説明して頂き、そこで何か反対意見が出るということもなく、むしろ、そういうルールで決めていくのであればそれを守ろうという雰囲気でした。

ですから伐採後の再造林が大事ですと市が伝えさせてもらえれば、伐採業者にも協力してもらえる関係ができています。本当に皆さん地域の林業のためにという意識が強いと思います。

ガイドラインを浸透させるポイント

編集部　ガイドラインの周知はどのようにしましたか。

河合（智）　平成26年度にガイドラインを施行する際に、最初に所有者向けとして合併前の旧市町村各7地域の自治会長会で説明を行いました。

また郡上森林組合の理事会でも説明しました。

一方で、ガイドラインと同時期に「郡上市素材生産技術協議会」という素材生産業者の組織を設立しました。会員数は、結成時は個人事業主含め27者（現在は29者。平成28年3月末現在）です。その第1回の会議の場で内容を説明しました。

しかし、1回説明したぐらいでは浸透しませんので、やはり市の窓口に伐採届が出る度に、直接周知・指導していくという形を取っています。ことあるごとに直接説明する方が良いと思っています。

やはりポイントになるのは森林所有者の方です。自治会長に説明をしても個々の所有者までにはなかなか伝わりにくいことはあります。伐採届が出てきて伐採業者に再造林の指導をしても、肝心の発注者である森林所有者の負担が大きいなどの理由から再造林を決断しない方も見えるのです。

一緒に現場に行くとき、所有者や伐採業者に市の担当から話をしています。どうしても再造林に踏み切れない方には天然更新を認めることもあります。もちろん森林所有者の意向がありますので、仕方がないというところもありますが、大規模な皆伐であれば、植林をして頂くか、小面積皆伐にして頂くことが大切だと思います。

森林組合との連携で計画参入を推進

編集部　ところで森林経営計画外の伐採もあると思いますか。

日置　伐採後、再造林が行われない現場でも、例えば森林組合と伐採業者が話をしてもらって、森林経営計画に取り込んで植栽する。あるいはどうしても植栽しなければならないと市で判断した場合、伐採業者（もしくは森林所有者）と森林組合とによる伐採後の造林への調整の協力をお願いしながら、何とか植栽に繋げていくというケースも出てきています。地拵えまでは伐採業者がやって、その後に森林組合に渡すという形ですね。これもガイドラインを検討していった中から生まれた発想で、一つの成果だと捉えています。

森林組合では森林経営計画に乗せて施業をされますので、そうなりますと植栽については人工林であればほぼ確実にやって頂けます。森林経営計画であれば市町村森林整備計画の基準に沿って進める手順になっていますから。

編集部　実際に伐採業者が立木買いして伐採してしまった後に、森林組合と相談して森林経営計画に入れて植栽するということはあるのですか。

河合（由）　平成27年にありました。最初は所有者さん。実際に伐採業者に提案してみたところ、所有者さんに提案をして頂けました。最初は所有者さんも渋っていて、「シカの被害がひどいから植えても無駄だ」と消極的だったのですが、なんとか植栽をお願いできないかということで話をしたところ、「それなら頼むわ」ということになりました。そこで森林組合に話を持っていって、承諾の返事を頂けたので、再造林を実行できたことがありました。

しかし、中には森林経営計画に入れられない小規模な事業地もあります。その場合には、市の単独補助金である「郡上市小規模森林整備事業」の補助金を使って植栽が可能ですと森林所有者にお願いしております。

この事業は小規模の面積（0・05ａ～3ha未満）の施業地に対して、植栽や間伐、枝打ち、雪起こしなどに対して補助金が出ることになっています。実際、こうした市の事業もあるのでどうですかと提案すると、「植えようかな」と検討してくださることも結構あります。森林経営計画に入れた方が断然補助率は良いのですが。

素材生産技術協議会の設立

編集部　素材生産技術協議会はどのように機能していますか。

日置　市の森林づくり推進会議からの提言の1つで設置をさせて頂いたという経緯がありました。

河合（智）　素材生産の呼びかけやガイドラインの説明会、森林認証の勉強会など、年に1～2回ぐらい行っています。

当面は行政サイドからの働きかけも大切ではないかと考えています。ただし、業界全体への周知が必要な際には、市内の素材生産事業体が集まれる情報共有の場として重要な団体になっています。

将来的には協議会メンバーで自主運営して頂いて、そこで情報交換をして頂いたり、大型製材工場への出荷等の地域内調整だとか、いろいろできるようになると良いかなと思います。

日置　その他、県の農林事務所の取り組みとして、素材生産業者の次世代経営者の方々を集めた勉強会を実施しています。30～40歳代がメインになります。次代を担う若手の結束力づくりには良いことかと思います。

市内の皆伐跡地の調査風景

実効性を高めるポイント

編集部　今回のガイドラインで、実効性を高めるためのポイントは何かありますか。

日置　市の職員が指導するためには、実際の皆伐跡地がどうなっているのかを調査するなど現場の状況を把握した上でガイドラインに組み込む必要あると考えました。実際に山を見て、その上でこのガイドラインを参照できるよう、使って頂ける方にわかりやすい具体的な内容になっているところがポイントでしょうか。

河合（由）　伐採届が出た際に、専門知識を持った普及員にも現場で立ち会ってもらって、ガイドラインを基に素材生産業者へ指導をすることを重視しています。実際マニュアルがあっても全部目を通してもらっているかというとなかなかそうでもないところがあるので、地道に直接指導していくことが大事なのかと思います。

伐採届のマニュアルには3ha以上の人工林の皆伐については県の普及員と一緒に現地確認を行うという記述があるのですが、3haにとらわれずに必要かなと思ったら県の普及員と一緒に現地へ出かけたいと思います。

また所有者さんへの直接の働きかけを大事にしています。伐採届が出された際に、伐採後に植栽しませんかと。

今後はいろんな再造林のための補助金があることをPRしたいですね。伐採届を受ける側として補助金活用で経費負担を軽くできる方法を把握した上で、森林所有者へ提案していくことが大事だと思います。

ゾーニングにガイドラインを活かす

編集部 他の市町村に向けて、こうしたルールづくりのアドバイスが何かありますか。

河合（智）　今後の課題はゾーニングです。木材生産林のゾーンのあり方について郡上市として平成28年からしっかり考えていくのですが、その結果によってはガイドラインも少し変わってくるのかなと思います。

木材生産林に適したゾーンは再造林を、伐採が不適なところは皆伐を控えて間伐択伐等で天然林に移行していくなどを盛り込んでいけると、もっと良いものになると思っています。

森林づくり推進会議からゾーニングの設定の必要性が指摘されており、28年度は各事業者の森林施業プランナーに参加頂き、ゾーニングについて検討していく予定です。市として木材生産林、その他の公益的機能の森林での区分けですとか、どういった施業が良いのか、というような指標ができれば良いということです。指標ができてくれば、その時点でガイドラインもバージョンアップしていきたいと思っています。

ちなみにガイドライン作成に合わせて市町村森林整備計画も整合するよう変更をかけました。平成28年４月から新しい市町村森林整備計画に改訂しています。

編集部　県との連携とはどんなものがありますか。

日置　ほぼ全てにおいて県と連携しています。郡上農林事務所が管轄する市町村は郡上市１つで、１対１の関係ですので、推進会議にしても、もちろんガイドラインを作るに当ってても農林事務所と密接に関係しています。僕らとしても専門的知識を凄く頼りにしています。

皆伐施業ガイドラインの作成については、当時の森林づくり推進会議の委員、県林業普及指導員、市担当者が、郡上市の山の将来を真剣に考えて、前例の乏しい中、議論を重ね大変な苦労のもと作成したものです。そういった苦労により作成されたこのガイドラインを確実に普及していくことが今の私たちの責任と考えています。

「郡上市皆伐施業ガイドライン」（一部抜粋して資料編に掲載）

http://www.city.gujo.gifu.jp/admin/info/post-301.htm

（取材・まとめ／編集部）

第２編

事例紹介
― 再造林経費を
補助する民間支援

事例1　北海道

「人工林資源保続支援基金」の事業活動について

人工林資源保続支援基金事務局　遠藤　芳則

「造林未済地」面積が北海道全体で1万ha

北海道の森林は、民有林面積248万haで、うち一般民有林面積（道・市町村有林は除く）は154万haとなっています。

民有林では、北海道の人工林の主力樹種であるカラマツ・トドマツが資源の充実期を迎えており、「人工林資源保続支援基金」が検討され始めた2010（平成22）年度の一般民有林の主伐面積（市町村有林含む）はおよそ7600haで、人工林の成熟とともに伐採面積は増加していくと見込まれました。

また、伐採面積の増加に伴い植林が間に合わず、放置されている「造林未済地」面積が北海道全体で１万haにまで増加し、このままのペースで伐採が進んだうえ再造林面積が増加しなければ人工林資源そのものが枯渇し、将来的に北海道の林業・木材産業に大きなダメージを与えることになるのではないか、という懸念が生じてきました。

このような中、人工林の管理として「植えて、育てて、伐って、また植える」という森林資源の保続と循環利用を進めていくことが必要という考え方に基づき、人工林を活用する企業等が協力金を拠出し、植林を推進する制度の創設に向けた検討を２０１１（平成23）年１月より開始しました。

当初、人工林資源を活用する木材関連企業・団体が中心となって「人工林資源の保続等に係る勉強会」として合計６回の検討を重ねた後、「人工林資源保続支援基金」を２０１２（平成24）年12月25日に設立しました。

製材系とチップ系の企業が拠出元

基金の制度として協力金の拠出については、北海道産の人工林材を取り扱う企業等が素材取扱量に応じた金額を目安として自主的に拠出します。

拠出をしていただく対象の方は、

①道産人工林素材の生産、流通に係る企業等及びこれを主な原料として木材加工製品（製材、合板、土木用資材、おが粉等）を製造する企業等

②素材から生産される半製品（集成材原板、チップ）を原料として製品（集成材、紙）を製造する企業等

としています。

あくまでも自主的な拠出ですが、拠出額の目安として⑴製材系（素材生産、製材、合板集成材等）素材1㎥当たり10円、⑵チップ系（素材生産、製紙、おが粉、家畜敷料等）素材1㎥当たり5円としています。

協力金で設立した基金をどのように活用していくかということになりますが、基本的な考え方である人工林資源の保続と森林資源の循環利用を図ることに活用することとし、具体的な支援内容の協議、手続き、事業報告等は基金内部に設置する「管理・運営委員会」で検討し運用をすることになりました。

「管理・運営委員会」の構成員は、協力金の活用に対し公正を期するため、川上から川下まで

の各林業団体を構成員としたほか、市長会、町村会、北海道水産林務部にも参画していただき、資源保続を基軸とし、多方面からの検討を加えています。

基金設立初年度である２０１３（平成25）年度は、基金の設立目的の周知や各企業等への協力金拠出のお願い、基金の活用について「管理・運営委員会」において検討、活動を行いました。

拠出金の活用については、北海道の単独事業で公共造林事業のうち、伐採跡地の確実な植林を目的として行う事業に要する経費を道及び市町村が上置き補助をする制度である「未来につなぐ森づくり推進事業」と重ならない形で行うことが検討されました。

初年度の検討段階においては、伐採跡地への補助予算が当面確保できる見込みであること、次世代の植林で主力となることが期待されているコンテナ苗木の植栽に関する実証データが少なく、一般民有林では補助事業の対象とされていないことから、コンテナ苗木の植栽に対する苗木代金に対して全額助成を行うと同時に、植栽に関するデータ収集を北海道水産林務部が行い、そのデータをもとに補助事業の対象とできるような実証も兼ねた事業を実施することにしました。

コンテナ苗に対する助成

コンテナ苗木に対する助成は、一般民有林の人工林伐採跡地を対象としてホームページ等で公募を行い、「管理・運営委員会」にて審査をしたうえで事業対象地を決定しました。

コンテナ苗木への助成は3年間として実証を行うことになり、2014（平成26）年度はトドマツ、アカエゾマツ等で0・89ha、1750本、2015（平成27）年度はカラマツ、アカエゾマツで2・32ha、5000本の植栽実績となっています。

2016（平成28）年度はコンテナ苗木に対する助成の最終年度となり、カラマツ、アカエゾマツで2・05ha、4500本の植栽を予定しています。

この3年間の実績をもとに、公共造林事業でのコンテナ苗木に対する植栽方法及び補助事業採択要件を検討することになります。

2017（平成29）年度以降の拠出金の活用はこれからですが、検討案として、「未来につなぐ森づくり推進事業」の対象とならない伐採跡地への直接的な助成や北海道の特定優良母樹である「クリーンラーチ」の採種園整備に対する助成など、基金を活用した人工林資源の保続や資源の循環に資する事業を展開する予定です。

北海道では、今後も川上、川下の各民有林事業関係者及び官民一体となった、人工林資源の循環利用に向けて知恵を絞っていくことが必要と考えています。

人工林資源保続支援基金のしくみ

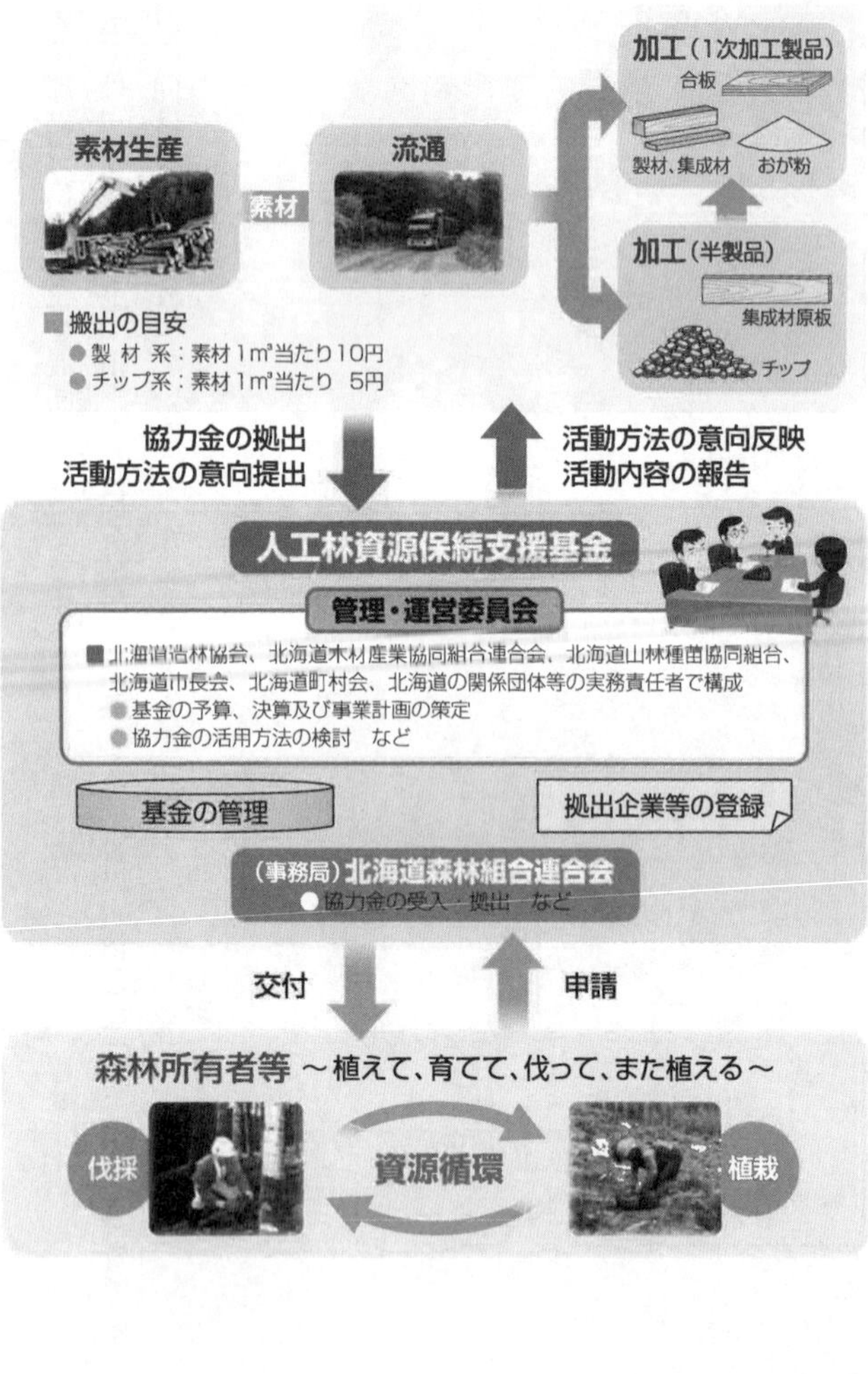

素材生産
素材
流通
加工（1次加工製品）
合板
製材、集成材
おが粉
加工（半製品）
集成材原板
チップ
■搬出の目安
●製 材 系：素材1㎥当たり10円
●チップ系：素材1㎥当たり 5円
協力金の拠出
活動方法の意向提出
活動方法の意向反映
活動内容の報告
人工林資源保続支援基金
管理・運営委員会
■北海道造林協会、北海道木材産業協同組合連合会、北海道山林種苗協同組合、北海道市長会、北海道町村会、北海道の関係団体等の実務責任者で構成
●基金の予算、決算及び事業計画の策定
●協力金の活用方法の検討 など
基金の管理
拠出企業等の登録
（事務局）北海道森林組合連合会
●協力金の受入・拠出 など
交付
申請
森林所有者等 ～植えて、育てて、伐って、また植える～
伐採
資源循環
植栽

協力金制度に係るQ＆A

Q1　協力金の拠出の考え方（拠出方法、拠出者等）は?

A1　(1) 制度の趣旨や目的に賛同する企業等が、自主的に協力金を拠出することを基本的な考え方としています。

(2) 拠出対象者は、生産・流通・製品加工の過程で、素材を直接取り扱う企業等とします。

（下図参照）

①　道産人工林素材を生産する企業及びこれを主な原料として１次加工製品（製材、合板、紙、土木用資材、おが粉等）を製造する企業等

②　素材から生産される半製品（集成材原板、チップ）を原料として製品（集成材、紙）を製造する企業等

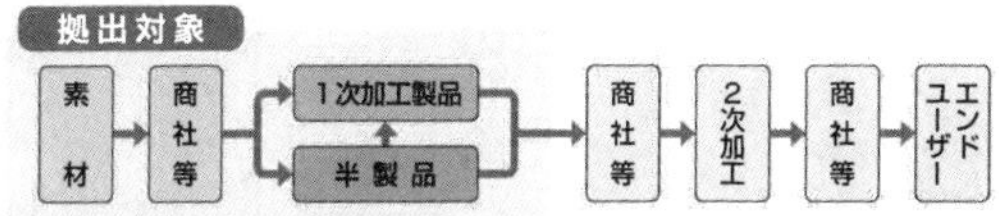

１次加工製品：
製材（構造用集成材）、合板、紙、土木用資材、おが粉等

半製品：
集成材原板、チップ

※なお、制度の趣旨・目的に賛同する上記以外の者が協力金を拠出する場合も、これを受け入れることとしています。

Q2　協力金の拠出額はどのように決めますか?

A2　企業等が取り扱う１年間の素材の数量に、一定の単価を乗じた金額を目安（上限）として協力金を拠出することを原則とします。

(1) 製 材 系：素材生産、製材、合単板、集成材等　　素材１m³当たり10円

(2) チップ系：素材生産、製紙、おが粉、家畜敷料等　素材１m³当たり　5円

Q3　協力金はどのように活用されるのですか?

A3　協力金は、人工林の伐採跡地への植栽に要する費用などに活用することを基本として、基金に設置している管理･運営委員会において詳細について検討します。

Q4　協力金を拠出した企業等のメリットはありますか?

A4　この協力金は一般寄付金に該当し、法人税法第37条第1項の規定に基づく税制上の優遇措置により、一定額を限度に損金に算入することが可能となります。

「北海道の豊かな森林を未来に引き継ぐために！　人工林資源保続支援基金」より転載

事例2　山口県

「やまぐち木の家ネットワーク再造林支援制度」の事業活動について

やまぐち木の家ネットワーク事務局　山本　聡（株式会社トピア）

1、支援基金の設立までの経緯

やまぐち木の家ネットワークは山口県産木材の利用拡大を図るため、川上から川下までの関係者が水平的なネットワークを構築し、産・学・公で課題を解決し実行するグループです。2012（平成24）年に発足しました。

この山口の地域でも森林・林業の取り巻く環境は厳しく、伐採後再び造林されない状況が見受けられます。この状況が続けば森林の公益的機能の低下が進み、何よりも豊かな森林資源が

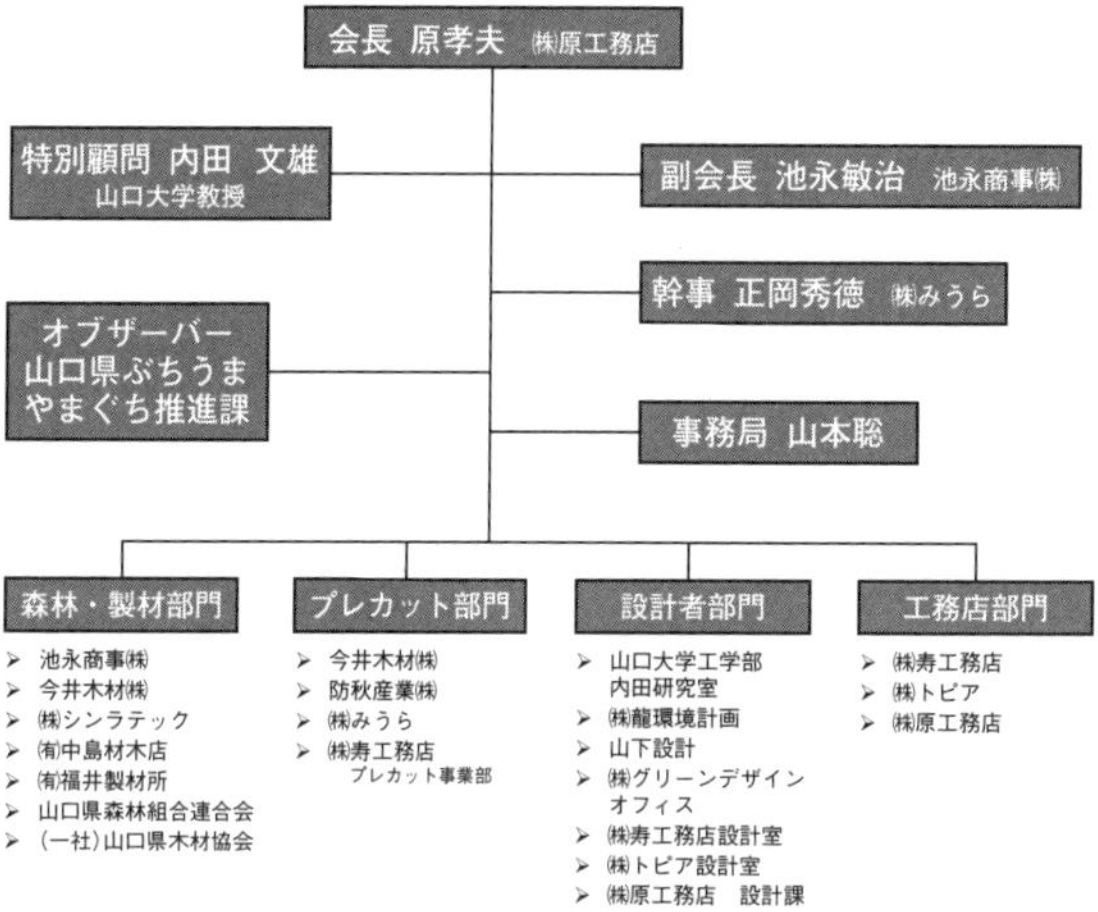

「やまぐち木の家ネットワーク」組織構成

残せません。そこで私たちのグループでは、森林所有者へ再造林の費用を助成することで健全な森林の造成に少しでも寄与し、次の世代へ豊かな森林資源を残すことを目的としてこの活動を始めました。

活動当初から掲げる「未来の子供たちにも豊かな森林資源を残してあげたい」という理念がこの再造林支援制度のきっかけとなっています。

2、組織構成

この組織は工務店・設計事務所・プレカット工場・製材所・木材供給事業者、計

12社が参加しています。

3、財源並びに基金の仕組み

私たち木材利用者は木材を使用するためだけではいけないと考え、次の世代に森林資源を残すための方法を考えました。

まず、一定の木材の品質を定めこの規定に適合した木材を利用した建物について「やまぐち木の家ネットワークの家」と称し、1棟建てられるごとにそれぞれの部門が既定の金額を積み立てる仕組みです。

2012（平成24）〜2014（平成26）年にかけてやまぐち木の家ネットワークの認証材や木材利用協定（森林組合―製材所間・製材所―工務店間）等の仕組みづくりを行い、2014（平成26）年度から積み立てを始めました。

2016（平成28）年の1月には「再造林支援制度説明会」で各森林組合に制度や運用方法について説明し、申請の受付を開始しました。

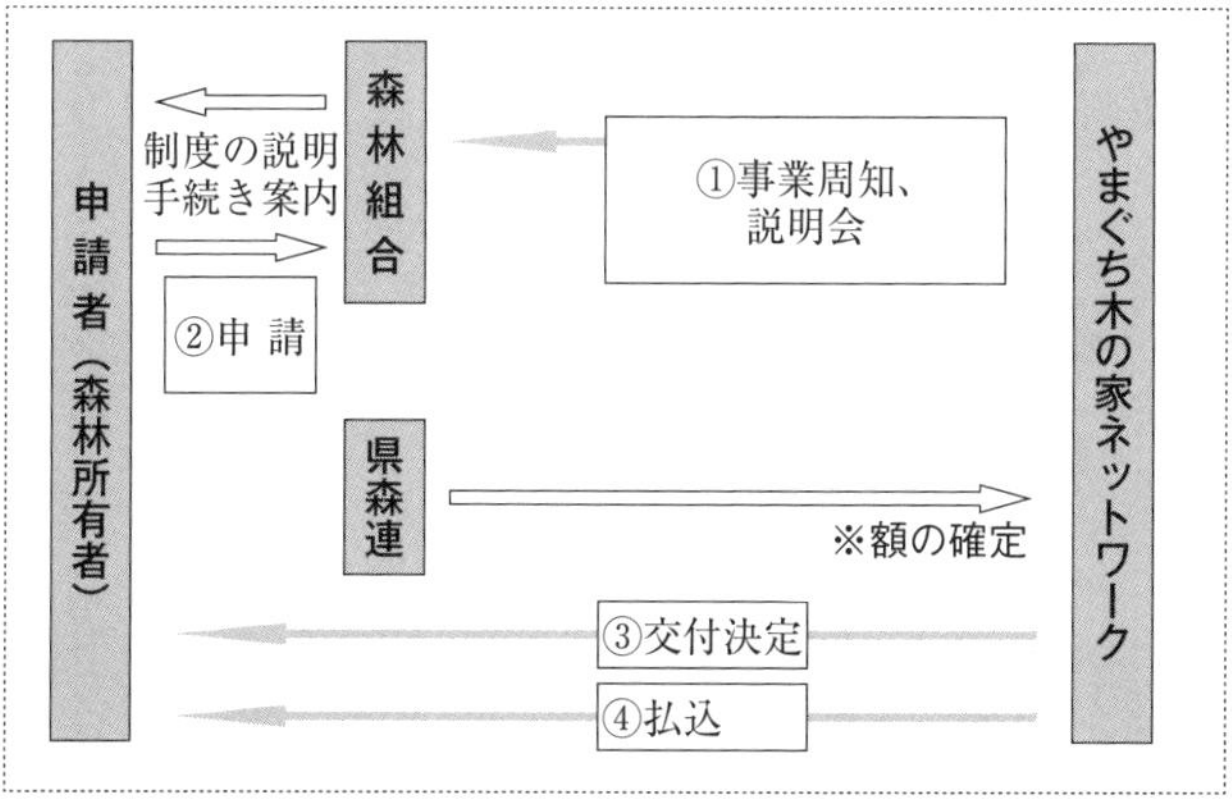

再造林支援制度　手続きの流れ

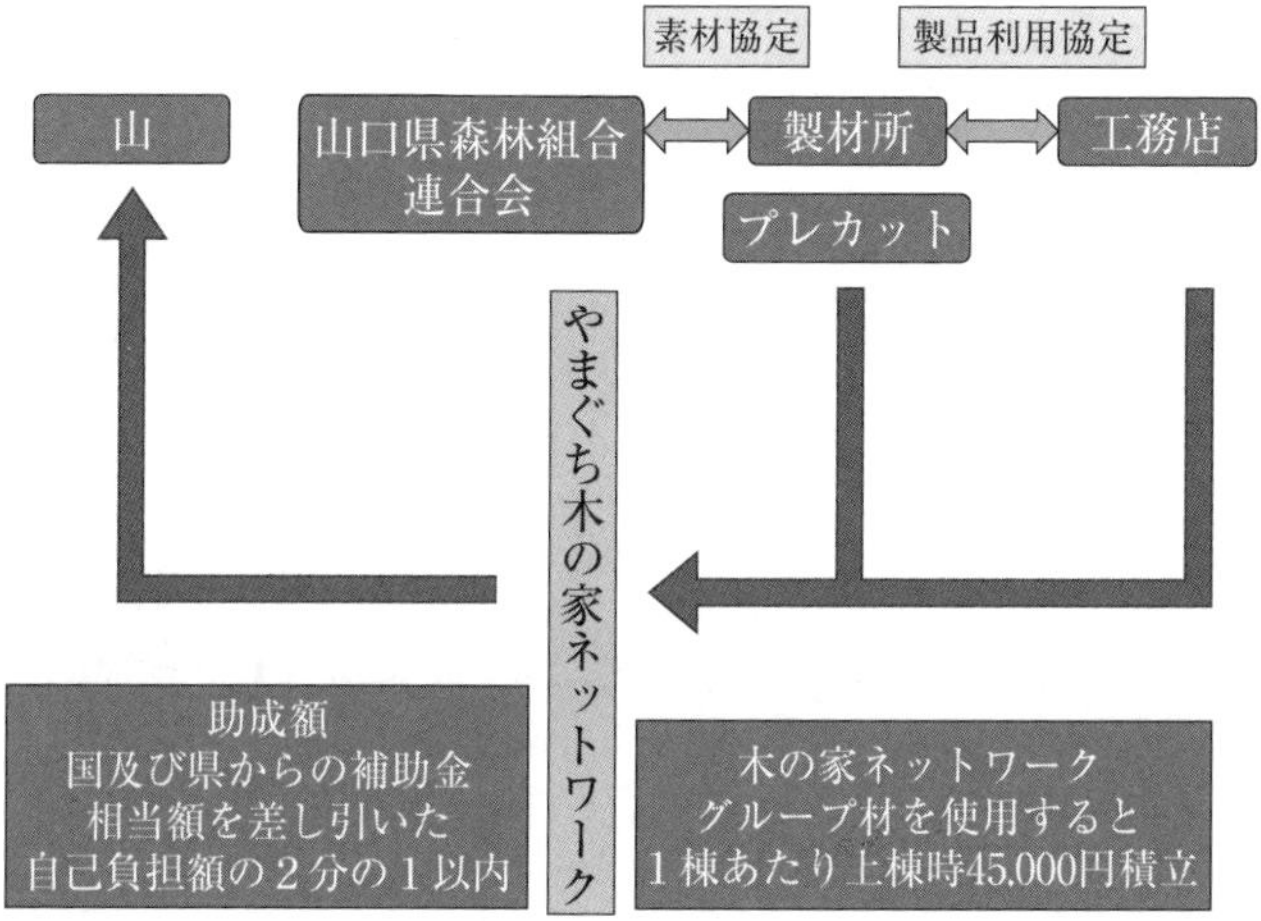

森林所有者への還元金の流れ

2015（平成27）年度植林実績から支援の対象とし、森林所有者の方が各森林組合に申請書を提出。その提出された申請書を山口県森林組合連合会が適合の判断と取りまとめを行います。申請書と実績を基に平成28年9月に第1回の交付決定通知書を発送し、支払いも完了しています。今回の支払総額は15件・10ha分で約30万円でした。

4、支援内容

〈概要〉

助成対象者：公有林及び法人登記している団体を除く個人が山口県造林補助事業を活用し、自己山林の再造林を実施された方

対象森林：私有林におけるスギ、ヒノキ等人工林伐採跡地

対象面積：1000㎡以上

対象経費：苗木購入経費

補助額：造林補助金を除いた自己負担の1／2以内

５、実績

やまぐち木の家ネットワークでは２０１２（平成24）～２０１４（平成26）年に木材品質や乾燥方法などの規定をつくり、どの製材所でも一定の品質以上の木材が納品できる規定を策定しました。これにより中小の製材所が連携して取り組むことができるようになりました。

また山口県森林組合連合会と各製材所が「木材の安定取引に関する協定書」、並びに各製材所と工務店が「山口県産木材の安定供給と利用等に関する協定書」を結び利用量の確保に努めています。一定の木材流通量を確保することで森林組合・製材所・プレカット工場は安定した経営を、また工務店は品質の高い木材を優先的に確保できるメリットがあります。この木材流通の協定書が今回の積み立て金の根本にあります。

６、その他の取り組み

やまぐち木の家ネットワークでは上記の「再造林支援制度」以外にも様々な活動を行ってき

ました。
・各工務店の標準部材策定
・無垢材による2階剛性床の開発
・木造住宅の温熱環境の優位性の測定
・エネマネハウス２０１５（山口大学の地域工務店並びに材料供出として参加）
・やまぐち木の家ネットワークモデルプラン作成
・先進地への視察や勉強会
・地域ブランド・地域型住宅グリーン化事業への取り組み

7、これまでの成果と今後の取り組み

今まで様々な取り組みを行ってきましたが最大の成果としては、製材・プレカット・工務店・木材協会・県森連・山口県・山口大学が水平連携をとり、県産木材の利用に取り組む関係者が相互に抱えている問題を洗い出し、その対処方法を検討し連携が深まったことです。それ

ぞれの部門でしか解決方法を見いだせなかったものが、その垣根を越えて問題提起できたところだと考えます。この山口でも「優良県産木材認証制度」があり、山口県の木材を利用し一定の規定を満たした木造住宅の場合には補助金がでます。このような補助金がなくても山口県の木材が広く浸透し、林業が産業として成り立つような体制を考えています。

今後は我々の考え方に賛同して頂ける企業を広げ、より多くの工務店や製材・プレカット業者に携わってもらうことを考えています。山に植林費用を還元し、品質の良い木材を次の世代に残すことができるよう、今後も新しい事業に積極的に取り組み、豊かな森林を残す活動を広げていきたいと考えています。

事例3　徳島県

にし阿波循環型林業支援機構の再造林支援システム

徳島県西部総合県民局農林水産部（三好）林業振興担当課長　濵田　浩二

県西部に位置する4市町（美馬市、三好市、つるぎ町、東みよし町）を「にし阿波地域」といい、徳島県内の森林面積31万4０００haの38％（11万9０００ha）を占めるとともに、現在では、県内木材生産量の約半数を生産する森林・林業地域です。

1、支援機構設立までの経緯

にし阿波地域で再造林者への支援が必要になった２０１１年度は、県の「次世代林業プロジェクト」が始まり、県産材増産計画（08年度：20万㎥→14年度：30万㎥）を受け、地域独自の計画（11年度：８・４万㎥→14年度：12・７万㎥）を策定し、目標実現に向けた各種取り組みを推進していました。

こうした中、生産量の増加に伴い皆伐面積は２０１１年度までの５年間で１・５倍まで増加する一方で、所有者負担の必要な造林面積は思いのほか増加せず、再造林放棄地が拡大している状況でした。

さらに、県内を含め四国内では大型工場の建設計画なども取りざたされる中、地域内では木材の安定供給体制を強化する必要があるといった声が出始めていました。

そこで、２０１２年度に、地域内の木材流通への対応も含めて協議する「西部地域木材安定供給会議」を設置し、木材を安定的に供給するためには、搬出間伐に加え主伐を奨励することの重要性や、そのための再造林時における鳥獣害対策を含めた森林所有者の費用負担軽減に向けた支援が必要との合意に至りました。

これを受け、２０１３年４月に再造林者への支援を行う「にし阿波循環型林業支援機構」（以下「機構」）を設立しました。

2、機構の組織

（1）構成

会員は、県民局1、市町4、森林組合3、民間林業事業体4、木材市場2、製材業1、公益社団法人1の計16団体で構成し、理事会、監事会、調査委員会を設置。

役員は、理事長1人、副理事長2人、監事2人。

（2）目的

原木の安定供給と造林の確実な実行確保による、持続可能な循環型林業の推進。

（3）実施事業

①基金の造成及び支払い並びに管理

②伐採計画の把握と造林者の仲介

③造林技術の支援（コンテナ苗等）

３、基金の仕組みと財源

（1）基金は、協力金及び市町負担金に加え、寄付金により造成されており、これらを元手に機構が再造林支援対象地の事業内容・事業費を精査し、助成する。

（2）協力金について

○拠出者

にし阿波地域で生産、流通、利用される原木に関わる次の者で、本システムの趣旨に賛同し承諾書を提出した県内外約１１０社。

①素材生産者：地域内で木材生産を行う者及び地域内の原木市場に出荷する者

②地域内の木材市場及び地域内外の中間業者

③製材業者（地域内外）

○拠出金額

にし阿波地域で生産された木材について、素材生産者、木材市場、購入者（製材業者）の各者がそれぞれ１㎥当たり30円を拠出し、最大計90円／㎥が基金として造成される。

○拠出方法

①地域内の木材市場を経由する場合（計90円／㎥）

木材市場が市場分と素材生産業者分の計60円／㎥を販売・購買代金から差引きし、翌月に機構に振り込む。製材業者はそれぞれの月毎の取扱材積量を報告し、各30円／㎥にあたる金額を集計し、翌月に振り込む。

②木材市場を経由しない直接取引の場合（計60円／㎥）

素材生産業者及び製材業者はそれぞれの月毎の取扱材積量を報告し、各30円／㎥にあたる金額を集計し、翌月に振り込む。

（3）市町負担金について

4市町に属する造林地分について、機構の年度計画に基づき当初予算化、或いは補正予算化を行い、機構の請求額に応じて支出する。

（4）事務局

三好西部森林組合が事務を受託。

４、支援内容と助成額

（１）支援内容
再造林に要する経費を助成し、チューブ等の獣害対策も対象とする。

（２）対象林地
次の①②の両方を満たす事とする。
①国の造林補助事業の対象となった林地
②素材生産者等が、機構へ協力金を拠出した林地

（３）助成額
次の①②を合計し、実行経費を上限として機構が助成する。
①協力金による助成額　９万円／ha
②市町の負担金による助成額　造林事業の標準経費の５％以内

（４）調査委員会
県、市町、森林組合の実務者により構成され、対象地に該当するかを審査する。

表1　実績

年度	収入			助成額	支援面積
	協力金	市町負担金	計		
	千円	千円	千円	千円	ha
2013年度	3,723	0	3,723	0円	0.0
2014年度	7,021	1,276	8,297	1,925	15.4
2015年度	7,622	3,725	11,347	8,490	56.3
合　計	18,366	5,001	23,367	10,415	71.7

5、実績及び計画

（表1　実績参照）

初年度の２０１３年度は、市場等のシステム構築のみ実施

２０１４年度及び２０１５年度の実施箇所数22箇所（０・53 ha〜８・４ ha）の内、森林所有者の実際の負担金額は、１万円以下16箇所、〜５万円まで２箇所、〜10万円まで２箇所、〜21万円まで２箇所と負担金の大幅な軽減が図られた。

２０１６年度助成面積は、約90 haと増加を見込んでいる。

表2　素材生産量及び造林の状況

	区分	2009年度	2010年度	2011年度	2012年度	2013年度	2014年度	2015年度
素材生産量（千㎥）	にし阿波地域	84	102	119	119	132	136	166
	徳島県	197	206	243	264	292	278	324
再造林面積（ha）	にし阿波地域	18.4	18.3	32.0	36.1	41.8	47.7	69.2
	（うち機構助成）	－	－	－	－	－	15.4	56.3
	徳島県	83.4	61.8	75.2	82.0	77.2	88.6	126.5

6、これまでに得られた成果、苦労した点等

（1）成果

（表2　素材生産量及び造林の状況参照）

①素材生産量及び再造林の状況をみると、にし阿波地域の再造林面積が、09年度から3年毎にほぼ倍増〔＊18・4ha（09年度）→36・1ha（12年度）→69・2ha（15年度）〕

②徳島県の12年度から15年度にかけては、41haの増加面積のうち、にし阿波地域が33haと8割を占めています。

このように、造林放棄地が減少し森林の保続培養が図られるとともに、保育下刈りなど年間を通じた雇用の場の確保に繋がりつつあります。

また、森林所有者の負担金が大幅に軽減した事と造林業者の仲介により、安心して伐採を行えるようになり林業・林産

業の活性化が図られるという好循環となりました。

かったことです。

(2) 苦労した点、良かった点など

苦労した点は、木材の購入者が県内外に広がっており1社ずつ承諾を頂かなければならなかったことです。

逆に良かった点は、承諾に関して「支出額が30円／㎥と少額ならば出せる」と、最初の頃から反対する人が少なく、不安無く取り組めたことです。

また、造林が進んでいることから各方面の方から「良い制度を作ってくれた」と言ってもらった時は、当時の担当者が創設した制度ですが、嬉しかったです。

これからも、このシステムの活用により、伐採から植栽・保育と一連の林業の循環が続き、地域の活性化に繋がって欲しいと思います。

事例４　大分県

大分県森林再生機構の事業活動について

大分県森林再生機構事務局長　川村　晃

１、設立までの経緯

（１）林業構造問題検討会の設置（２００８〈平成20〉年度）

大分県では、県議会（林業を基盤とした県議会議員２名）が主導し行政や林業関係団体等の参加により、林業構造の改善を議論するため検討会を立ち上げました。その中で、林業の持続的な発展には再造林の放棄地対策が最重点課題として、その解決策を検討しました。

（２）再造林支援システム研究会（２００９〈平成21〉年度）

県は、検討会の議論を実現させるため、研究会（助成事業）に発展・移行させ、先進事例の調査や関係者の合意形成等を進めた結果、大分県森林再生機構（以下、「機構」）が設立されました。

2、機構の運営

（1）機構の目的、組織（表1）

①目的：機構は、森林、林業、木材産業の対象者から協力金（資金）を徴収し、森林所有者の再造林経費を軽減するため、その経費の一部を助成し、「適正な再造林の確保」と「原木の安定供給体制の構築」を目指すこととしました。

②組織：林業等の関係団体と行政とで構成する理事会、幹事会で運営し、理事長に大分県森林組合連合会長が就くとともに、同連合会が事務局を担っています。

表１　大分県森林再生機構の運営組織について

○森林再生機構理事会名簿

団　　体　　名	団体役職名	理事会役員名
大分県森林組合連合会	代表理事会長	理事長
大分県木材協同組合連合会	理事長	副理事長
大分県森林整備センター	理事長	
大分県造林素材生産事業協同組合	理事長	
日田素材買方協同組合	理事長	
日田地区原木市場協同組合	理事長	
大分県樹苗生産農業協同組合	組合長	
大分県木材青壮年連合会	会長	
大分県林業研究グループ連合会	会長	
大分県林業経営者協会	会長	
大分県	農林水産部長	

○森林再生機構幹事会名簿

団　　体　　名	団体役職名	理事会役員名
大分県森林組合連合会	代表理事専務	幹事長
大分県木材協同組合連合会	専務理事	
日田木材協同組合	専務	
日田市森林組合	代表理事専務	
佐伯広域森林組合	参事	
株式会社 中津相互木材市場	代表取締役	
日田市	林業木材産業振興課長	
佐伯市	林業課長	
大分県	森林整備室長	
	林産振興室長	

顧　　問	大分県	知　　事	広瀬　勝貞

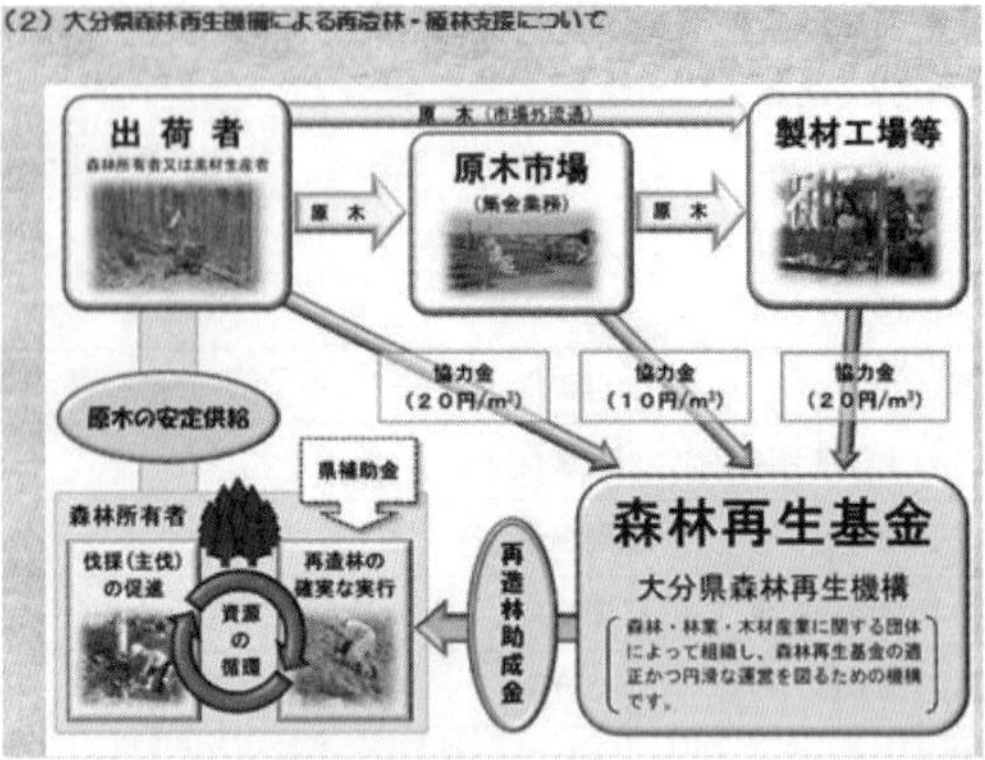

図1　森林再生基金の仕組み

（2）森林再生基金（以下、「基金」）の仕組み（図1）

①徴収方法：機構から事務委任された県下16原木市場が、趣旨に賛同する対象者（原木出荷者、原木市場、原木購入者）から資金を徴収し、機構内に設置した基金に納入します。

②徴収額：基本額は、1㎥当たり出荷者20円、市場10円、購入者20円の合計額50円です。また、市場外取引においても、自己申告した取扱量に応じて出荷者と購入者から各20円、合計額40円を徴収しています。

③対象者：①県内外の森林で生産した原木を県内の原木市場に出荷する者（森林所有者、生産者等）、②県内の原木市場、③県内の原木市場から原木を購入する県内外の者、です。

④支援事業：公共造林事業の採択を受け疎植（原則、2000本／ha植え以下）により再造林した場合、

森林所有者へ５万円／haを上限に支援しています。

３、実績と効果、課題

(1) これまでの実績（表2）

①徴収額：毎年３０００万円程度の徴収額を見込んでいましたが、設立から7年経過し、ほぼ、計画額を徴収できるようになりました。特に、市場外取引の徴収額の伸びが大きく、その背景に、大口需要者との協定や木質バイオマス発電の開始等に伴う取引量の増大があると考えます。

①支援額：支援面積は年間４５０ha程度で徐々に増加していますが、計画面積５００haを超えたことがなく、支援額も２０００万円前後（計画支援額２５００万円）で推移しています。

表２　大分県森林再生機構の事業推移

区分	収入（千円）				支出（千円）				繰越金（千円）	支援面積（ha）	県内再造林面積（ha）	機構支援割合（%）
	市場資金	市場外資金	寄付金	計	支援額	事務局費	その他	計				
H22	25,154	328	9	25,491	0	3,521	5,337	8,858	16,633	0	544	0
H23	31,025	395	4	31,424	9,211	3,595	4,952	17,758	30,299	184	661	28
H24	25,671	402	127	26,200	19,629	3,531	2,599	25,759	30,740	393	712	55
H25	29,239	949	106	30,294	22,763	3,454	2,953	29,170	31,864	456	806	57
H26	31,462	1,967	105	33,534	16,096	3,488	3,178	22,762	42,636	322	648	50
H27	32,674	3,719	5,104	41,497	22,312	3,566	3,374	29,252	54,881	446	710	63
H28見込み	32,000	4,000	104	36,104	24,000	3,470	3,260	30,730	60,255	480	800	60

(2) 効果と課題

①効果：1．知事は、民間の連携による独自の取り組みとして機構を高く評価し、顧問として参画されるとともに、公共造林事業の県単独再造林上乗せ制度（15％）を早々に新設されました。約90％の高率補助事業が実現し、皆伐・再造林が進んでいます。2．県と機構が連携し、疎植を各事業の補助要件に明記したことから、低コスト再造林の取り組みも前進しています。3．寄付金の増加に見られるように、関係者以外の皆様の理解・支援が広がっています。また、県外からの視察者も増加し、様々な意見や情報の交流により、機構運営の新たな展開に繋がると考えます。

②課題：1．県下の再造林面積は約８００ha、うち機構の支援面積が４５０ha程度と支援割合は60％にとどまっています。森林所有者等へ低コスト再造林を一層普及させるには、「伐採・造林一貫作業」や「コンテナ苗造林」等への新たな支援策も必要になっていると考えます。2．支援面積８００haの実現には毎年４０００万円の資金が必要ですが、現状では不足しています。設立時から未徴収が多い「県外移入丸太、県外移出丸太及び県内中小加工工場の購入丸太」への対策は、基金拡充の重要な取り組みであり、県を越えた関係者の情報交換等の連携も必要と考えます。

③総括：機構には、丸太売買で互いに利害関係にある理事も参画しています。その運営は、決して一枚岩ではなく、近年、意見の相違も顕在化しています。設立時の理念に反することなく、今後も適正に運営するためには、森林、林業、木材産業の関係者が立場の違いを乗り越え、互いを理解し協力することが重要です。事務局を預かる森林組合連合会は、これまで以上に質の高い合意形成能力を発揮することが必要と考えます。

第３編

再造林苗木を
どう確保するか
—地域自給型生産を探る

解説

苗木確保手法を整理する—地域自給型生産の特長とは

編集部

戦後の造林政策を受け全国で植林された人工造林地では、いよいよ主伐時期を迎え、併せて大型製材工場や木質バイオマス発電施設の設置による木材需要も著しく、全国的に主伐が積極的に進められてきている状況にあります。そこで重要になるのが皆伐後の再造林です。特に、苗木の確保が課題として今クローズアップされてきています。苗木生産者が大きく減少している中で、いかに地域で安定的に苗木を確保していくかが課題になってきます。

将来展望を踏まえ、苗木をどう確保するか、地域なりの戦略を読者はそれぞれの立場で検討されることでしょう。

そこで、本編では、地域に合った苗木確保手法をテーマに、現状、課題を整理しつつ、

・苗木の生産方法、苗木タイプ、品質（品種等）

・苗木の地域内サプライチェーンマネジメント

・生産技術、人材確保、その支援方法について検討材料として読者にお届けします。

また、地域で苗木生産をするモデル事例として、佐伯広域森林組合（大分県）、大台町苗木生産協議会（三重県）の取り組みを紹介します。

苗木確保の課題

第1の課題は、苗木の需給バランスが急に崩れる懸念への対応です。

「急」の意味は、

・需要の急増（皆伐、再造林の拡大）が進む中、

・供給力（生産者事情を踏まえ）の急拡大は難しい、

ことによる苗木不足懸念を表しています。

まず生産事情です。造林面積の推移と同様、林業用苗木需給は一頃より大きく落ち込んでい

ます。拡大造林まっただ中の1964年度（東京五輪）では、13億9400万本もの造林（山行き）苗が生産されていましたが、現在では5600万本（2013年度）と、49年前の4％の水準です（いずれも民営分／資料：林業統計要覧）。

生産を担う苗木生産事業者も同様の傾向にあり、2011年度時点で1006事業者と40年前（3万5000事業者）から大きく落ち込んでおり、減少傾向に歯止めはかかっていません。生産者のほとんどは中小規模（農業兼業も多い）で、高齢化、後継者不在との実情が報告されています（※）。

こうした事情からわかるのは、苗木生産事業者に任せっきりで、必要なだけ購入できた拡大造林時とは違うという点です。「必要だから作ってくれ」と単に求めるわけにはいかないでしょう。

農産品であれ、工業製品であれ、大きく落ち込んだ生産を急速に復活させることは容易ではありません。自立的な努力を期待するだけでは、生産者のモチベーションも上がりませんし、成果は望めません。

他業種での復活事例から、

・新技術の開発、実証、提供

・生産者グループへの支援（生産設備、技術研修等を含む）
・需要者と生産者の需給調整を含むコーディネート
・新規需要開拓、需要環境整備への行政支援

などの対策を生産者と需要者、そして行政や産地地域が一体となって取り組んだとき、効果を上げるとされます。

本特集では、コンテナ苗を中心に、これらの対策を参照しながら、解決策を整理してみます。

※森林総合研究所「コンテナ苗を利用した主伐・再造林技術の新たな展開」２０１６年３月４日

将来を決める品種をどう選択する

第2の課題は、将来への備えです。

1つは、造林後の結果を左右する最大因子である苗木の遺伝的形質（品種特性）の選択です。

まず苗木の品種について。50年後、60年後を左右するわけですから、苗木の種（遺伝的形

表1　育種の供給可能品種一覧

林木育種センターが開発した林業種苗の主なものをまとめたものです。
実生苗用の種子、さし木苗用の穂木の生産は、都道府県の採種園、採穂園で行われています。

品種	都道府県における開発品種の採種園・採穂園の設定状況
エリートツリー	スギ、ヒノキ、カラマツ、グイマツの特定母樹指定 特定母樹の山行苗木の本格供給は数年後
少花粉スギ・ヒノキ	全国38都府県で設定（一部予定を含む）
無花粉スギ	青森県、新潟県、福島県、群馬県、神奈川県、山梨県、岐阜県、静岡県、富山県、奈良県、和歌山県、香川県（一部予定を含む）
マツノザイセンチュウ抵抗性マツ	アカマツ、クロマツ　全国38府県（一部予定を含む）
雪害抵抗性スギ	秋田県、山形県、新潟県、岐阜県、石川県、滋賀県、島根県
材質優良スギ	岩手県、山形県、新潟県、奈良県
幹重量の大きいスギ	岩手県、山形県、新潟県、滋賀県、熊本県、大分県、宮崎県、鹿児島県
材質優良カラマツ	青森県、岩手県、群馬県（一部予定を含む）
精英樹	スギ、ヒノキ、カラマツ、アカエゾマツ、トドマツ ほぼ全都道府県（上記いずれかの樹種）

資料：「林業種苗における開発品種の最新情報」平成27年12月1日

質・価値）に何を選ぶかは、慎重にならざるを得ません。

幸い、選択肢は精鋭かつ多様に用意されています。国が先導して長年進めてきた林木育種事業の成果である数々の精英樹を始め、近年の育種成果であるエリートツリー、少花粉スギ・ヒノキ、雪害抵抗性、材質に優れた品種など、現場の期待に十分応えうる品種が用意されています（表1参照）。

安定供給のカギはサプライチェーン・マネジメント

将来への備えでもう1つ大事なのは、苗木需要変化に柔軟に対応できる安定供給体制づくりです。

苗木の安定供給は、まずは生産体制の強化拡充が第一なことは言うまでもありません。その上で、苗木のサプライチェーン・マネジメントを機能できるかどうかにカギがあるという視点で整理します。

かつて造林が盛んな頃、生産者側の悩みは余った苗木の処分だったそうです。すなわち、需要量見込み情報が不足し、需給調整がうまく機能しないと、苗木生産者への負担増となり、全体で見ればコストアップを招きます。従って、生産者と需要者側の情報をすりあわせ、需給を調整するコーディネート能力が問われたのです。

需給調整をさらにレベルアップするためには、何が必要でしょうか。伐採・造林計画から苗木生産計画に至る完全な情報共有（情報の脚色がない）で需給ミスマッチをなくすことが第一です。

さらに、施設やノウハウ、技術、人材などさまざまな資源を共有し、供給者・需要者が一体となった効率化で低コストを実現できるか。サプライチェーン・マネジメント（苗木ＳＣＭ）を機能させることができるかどうかです。ポイントを上げます。

①苗木ＳＣＭでは、生産・流通・需要を担う事業者間の情報共有が必須です。そのためには情報の一元管理、相手事業者に気兼ねなく（かつ脚色のない）情報を閲覧できるプラットフォームなどのツールも必要となるでしょう。そしてなにより、「需給情報を共有、一元管理しましょう」という相互の信頼関係が土台となります。

②事業者間の信頼関係を土台に、例えば、資材、設備、情報、事務作業、人材などを共有して物の流れを合理化したり、コスト、品質、納期の顧客満足度を高めていくことです。従って、単なる需給調整より、苗木ＳＣＭ達成のハードルは高くなります。

地域自給型の良さを活かす

需要者と供給者が同じ地域で一体となって苗木を生産する。そんな地域自給型（事例１の大分県、１０４頁〜と事例2の三重県、１２０頁〜に掲載する事例もこのタイプです）こそ、苗木ＳＣＭを実現できる格好の手法事例ではないでしょうか。

私たちの大目標は、伐出、木材利用、再造林・更新という資源循環を地域に築くことです。その循環の流れを阻害することなく、多少の需給変動で苗木需給ミスマッチを招くこともなく、求められた苗木を安定供給する。そのための苗木ＳＣＭですから、挑戦する価値は大いにあるでしょう。

事例として紹介する大分県佐伯広域森林組合と三重県大台町苗木生産協議会は、いずれも苗木需要者である森林組合を主体に地域に生産者グループを組織し、生産された苗木をすべて森林組合が買い取るという地域内自給生産です。

苗木需給に関わる情報が共有されている点、信頼関係を土台に生産技術や在庫管理事務作業を共有し、情報や物の流れを合理化している点、などから苗木ＳＣＭが機能していると考えられます。無駄のない効率のよい生産〜流通が実現しているのです。

苗木ＳＣＭが確立し、需給ミスマッチがないという土台があるからこそ、苗木の全量買取が低リスクで実行できます。そのため、地域の苗木生産者は余剰在庫や廃棄リスクを心配することなく、安心して生産に取り組めます。

地域内で築いた苗木ＳＣＭが相互の信頼を強固にするという意味も大きいでしょう。
（サプライチェーン・マネジメントの基本原則については、林業改良普及双書№１８６『椎野先生の「林業ロジスティクスゼミ」　ロジスティクスから考える林業サプライチェーン構築』を参照）

コンテナ苗木生産体制に求められるもの

コンテナ苗としては、マルチキャビティコンテナ苗とＭスターコンテナ苗などが主流で、その特長はすでに読者もご存じのとおりです。活着が良く、植付け時期を選ばない（夏の暑い盛りはともかく）という造林上のメリット、そして育苗期間が短い（裸苗3年と比べ）という生産上のメリットが挙げられています。

低コスト造林を可能にする技術システムとして伐出・造林一貫作業が広がってきました。伐出スケジュールに合わせた造林（植栽時期を選ばない）が可能であり、現地の仮植えが必要ないコンテナ苗は必須とされます。

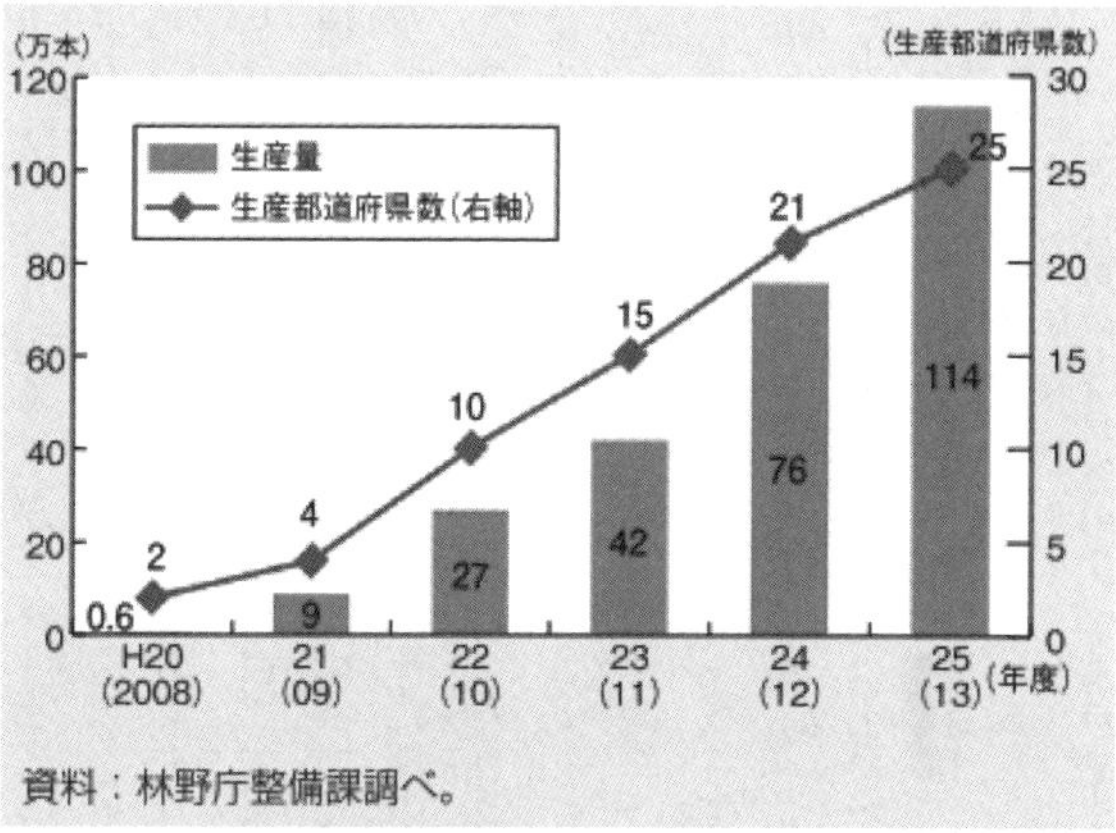

図１　コンテナ苗の生産量の推移
資料：平成28年版森林・林業白書

ここ数年で生産量は急増しており、国や都道府県でも積極的な支援を行っています。

栃木県では、主伐の拡大に合わせ、スギ山行き苗を35万本（２０１４年度）から１０９万本（２０１６年度予定）への増産過程にあります。コンテナ苗の割合を高め、２０１７年度にはほぼ１００％をコンテナ苗に転換する予定です。コンテナ苗生産の先進県である宮城県での生産者技術研修などに生産者が積極的に取り組み、年々生産量を急増させています（栃木県山林種苗緑化樹協同組合員34人のうちコンテナ苗生産者は23人）。

１０４頁～の佐伯広域森林組合では、苗木生産協議会（19事業者）と合わせて、

2014年1万本でMスターコンテナ苗木生産をスタートしています。これを4年後の2018年には30万本にまで急増させる計画を実行中です。

こうした急激な増産を可能にするのは、なんと言っても技術や生産設備などへの支援体制でしょう。先行事例が教えるのは、先進的生産者（生産組合）の協力による技術移転、生産者の研修、獲得した生産ノウハウの共有などを一体となって行うしくみです。1人ひとりの生産者が孤立することなく、技術習得に集中できる環境を整備することです。

なお、林業用の苗木は、林業種苗法の規制を受けます（それだけに重要な存在です）。生産に当たっては生産者登録などが必須ですので、そうしたしくみに関する学習や手続き指導なども必要になってくるでしょう。

苗畑が必要なく、軽作業でできるとあって、コンテナ苗木生産は高齢者や女性が働ける雇用・仕事を創出できます。かつて苗畑作業には多くの女性が従事していました。16％（1980年）もあった林業従事者に占める女性比率は、現在では6％弱となっています。コンテナ苗木生産が全国に拡大すれば、地域における女性就業先を確保する貴重な存在となるかもしれません。

拡大造林以降、日本の山づくりを支えてきた多くの苗木生産者。その数は激減し、高齢化も進んでいます。けれど安心して地域で生産に取り組めるしくみを整えることで、コンテナ苗木生産に挑戦したい、と話す苗木生産者もいます。

苗木生産の縮小は、需要先である造林事業の縮小が招いた結果であり、苗木生産者には責任はありません。山づくりの功労者でもある人々の出番をうまく地域に演出し、その力を生かしていく普及手法がいま求められていると思います。

参考文献
（１）森林総合研究所　林木育種センター「林業種苗における開発品種の最新情報」平成27年12月１日
（２）森林総合研究所「コンテナ苗を利用した主伐・再造林技術の新たな展開」２０１６年３月４日
（３）石崎涼子、佐野　薫、平野悠一郎「林業事業体による苗木生産に関する一考察」林業経済研究 Vol.62NO.2（２０１６）

事例1

地域戦略としての苗木生産外注型から地域自給生産型への転換

佐伯広域森林組合（大分県）

大型製材工場を核に50年伐期による持続的森林経営を目指す「佐伯型循環林業」の下、年間300ha以上の再造林を進めている佐伯広域森林組合。苗木不足という課題を克服するために、森林組合主導で協議会を設立し、地域でコンテナ苗生産にも着手して徐々に実績を上げてきている。そこで佐伯広域森林組合を訪ね、戸高壽生代表理事組合長、盛田英司森林整備課長に苗木生産の取り組みについて話を伺った。

代表理事組合長の戸髙壽生さん（写真右）と森林整備課長の盛田英司さん（写真左）

大型製材所を中心とした地域サプライチェーンの構築

苗木生産の話に入る前に、まず佐伯広域森林組合が苗木生産に着手することになった背景を紹介しておきたい。

当森林組合が管轄する佐伯市は、９万３２７haと九州で最も大きい市であり、その87%を占める森林面積も九州一となっている。当地の森林はそもそも薪や木炭などの燃料用の広葉樹林が主体であったが、戦後の造林政策を受けて、森林組合主導で拡大造林が飛躍的に進んだ。人工林の成長に合わせ、森林組合では小径木加工場、次に柱材中心の製材工場や２カ所の共販所、プレカット工場等を次々と開設、森林の成長と共に歩んできた。

写真１　佐伯広域森林組合の大型製材工場である宇目工場

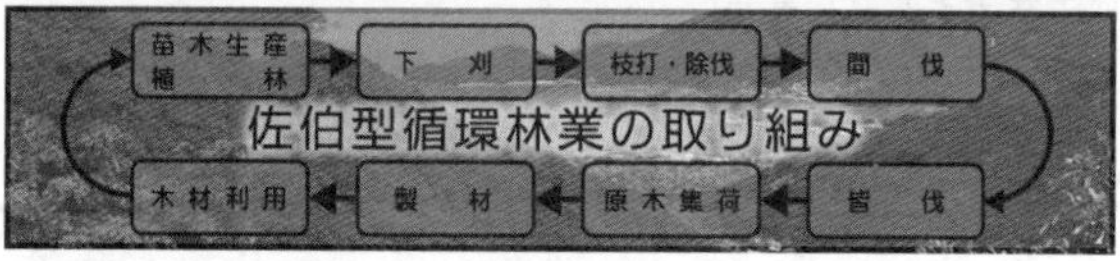

図１　佐伯型循環林業

こうして人工造林に着手して60年以上が経過し、森林資源が充実してきた平成21年、森林組合としては異例の丸太ベースで12万㎥規模の国内屈指の大型製材工場である宇目工場を稼働させるに至った。

この大型製材工場の効果として、林産事業生産量は9万㎥以上、共販・中間土場による丸太取扱量は20万㎥以上にも達し、皆伐跡地の再造林や下刈りなどの森林整備事業も飛躍的に伸ばしてきた。

つまり、大型製材工場に丸太を安定的に供給するため、地域内の林産班90名（組合直営16名）、造林班（請負150名）、共販所・中間土場が連動した、大型製材工場を中心とする地域内一気通貫の地域林業システムを形成した。

これを当組合では「佐伯型循環林業」と称し、独自の持続型林業経営ビジョンとして掲げている。50年を伐期とし皆伐後に適地適木を重視した再造林をして、適切な管理によりまた50年後の収穫を可能とする法正林を目指すものだ。いわば森林組合主導による地域内で植林からプレカット加工までのサプライチェーンが形成されたとも言えるだろう。

年間３００ha以上の再造林を支える苗木の確保

大型製材工場稼働から7年以上経過したが、いくつか課題が顕在化してきた。その１つが今回のテーマに繋がる苗木の確保である。まず森林整備課長の盛田英司さんが説明する。

「佐伯市に関していえば伐期が到来したということです。これから収穫面積、収穫量がまだ増加していきます。現在、年間３００ha程度造林していますが、近い将来４００ha以上の造林面積になると予想しています。苗木本数で言えば、70万本が必要ですが、いずれ１００万本程度必要になるでしょう。

現在、苗木のほとんどは宮崎県の苗木生産者から購入する露地苗が主ですが、主伐が主流になりつつある九州にあっては、再造林に必要な苗木が不足してきています。宮崎でも苗木需給が逼迫していることから、今後、宮崎からの苗木の仕入れが減少することが予想されますので今以上の量の確保は難しい。ならば地元で苗木を生産しようということになりました」。

南九州では、大型製材工場や木質バイオマス施設の設立が著しく、こうした木材需要を受け主伐が積極的に進められている。その一方で再造林放棄地の社会問題化や将来の安定的な資源確保といった面から、再造林のガイドラインが行政や業界団体で作成され、伐採跡地の再造林への意識は年々高くなっている。こうした背景から、苗木の需要は年々高まり、慢性的な苗木不足はここにきて顕在化してきた。苗木生産はこうした地域ではキーワードになってきている。

戸髙壽生代表理事組合長が苗木生産に取り組むきっかけを振り返る。

「大型製材工場稼働もあって地域内の主伐が進み、再造林がどんどん増えてきました。これで循環型林業が推進できると思いました。そんな中、組合で指定していない苗木が入ってきたのです。なんだこれはと驚きました。理由を聞けば苗木が足りないからこれしか手に入らないと言うのです。

ならば作ろうと私が指示しました。苗木が足りないならば自ら作るというのは至極当然の流れでした」。

従来、佐伯市では拡大造林期に森林組合主導でオビスギの中から形質の良い４品種を指定して植えられてきた。当地でも露地での苗木生産を試みた時期もあったが、土壌等の条件が合わず露地苗生産は行われなくなった。こうしたことから50年以上前からほとんどの苗木を宮崎県の苗木業者から裸苗を仕入れてきたのである。

平成24年、戸高組合長の決断から、地域に途絶えて久しい苗木づくりへの挑戦がスタートしたのである。

南部地域苗木生産協議会を設立

苗木づくりに当たって組合が注目したのは、宮崎県の林田農園で生産されていたＭスターコンテナ苗である。コンテナ苗であれば土壌条件等の問題の影響はなく、植林作業期間の通年化が可能となる。これは年間３００haを超える造林を担う森林組合にとっては好都合だ。

そこで森林組合ではＭスターコンテナ苗生産に的を絞り、平成24年から林田農園に何度も足

写真２　Mスターコンテナ苗

を運び指導を仰いだ。その年の9月と翌年3月には試験的な挿しつけを行い、さらに平成25年には県単事業「チャレンジ支援事業」を活用して試験的に約1万本の挿しつけを行った。こうしてMスターコンテナ苗の生産技術確立に手応えを得て、森林組合として本格的な苗木生産に取り組むこととした。その手段として地域の生産者の組織化に着手した。

こうして平成26年9月に大分県南部振興局の力添えで「南部地域苗木生産者協議会」（事務局は森林組合）を設立するに至ったのである。

当初の協議会のメンバーは森林組合を含む10者。翌年には19者（森林組合と農林公社の2法人、個人17名）になっている。ちなみに個人メンバーの職業は組合職員、組合作業班をはじめ、税理士、ガソリンスタンド、養鶏業、農業、椎茸生産者などで組合員とのこと。基本的に副業として苗木生産に取り組んでいる。

「協議会メンバーには雇用というよりも副業として取り組むメリットがあるかと思います。農家であれば農閑期を活かした収入源として、また定年後の年金以外の収入源、さらには生き甲斐対策にもなるかと思います。それほど重労働はありませんし、生産施設も立派なものは必要ありません」と副業としての可能性を説く戸髙組合長。

また佐伯市はホオズキやスイートピーなど花卉園芸も盛んな地域である。今後こうした花卉農家の農閑期を利用した参入も期待したいということだ。

森林組合による苗木買取で生産調整不要

協議会設立の意義について整理すると、①苗木生産体制の強化、②地元への雇用創出・地域への収益還元、③技術研修の効率的な実施、という機能が挙げられる。

仕組みとしては、まず苗木生産者として県の苗木生産事業者登録を行い、林業種苗法に則ってコンテナ苗生産を行うことが条件になる。この取得はそれほど大変ではないとのことだ。

そして決められた規格に沿って協議会で生産されたコンテナ苗は、森林組合が1本130円で買い取るシステムになっている。これにより生産者が苗木の需給動向に振り回されることなく安心して生産できることを保証する。

また、買取先でもある森林組合でも、苗木不足が今後続くことを見越しており、協議会メンバーが増え生産能力が高まることに期待を寄せている。

しかしコンテナ苗は通常の露地苗にくらべかなり金額が高いが、森林組合ではどう考えているのだろうか。

「コンテナ苗の良いところは植林後の活着が良くて枯れにくいこと。現に当組合で開催する森林ボランティアの植林イベントで素人が植えてもほとんど枯れていません。また一鍬植えで簡単に植えることができるため作業省力化が期待できます。さらに2年目からの成長が非常に良い。こうしたことから通常の苗の倍の値段であってもトータルでは元が取れてしまうわけです」と戸高組合長。

行政による率先的な支援

行政支援の動きも見逃せない。まず大分県は、森林組合の自主的な苗木生産の取り組みに当初から関心を持ち、宮崎への研修や視察等にも同行するなどコンテナ苗生産への理解を深めてきた。協議会設立時には関係者への働きかけを担い、協議会を通じてコンテナ苗生産施設整備への助成事業（半額補助）による支援も行っている。

一方、佐伯市では、苗木１本当たり20円の上乗せを行っているという。またコンテナ苗生産の穂木を採取する採穂園の造成地として１・５haの市有林の提供を申し出たという。これにより平成26年に採穂園が造成され、５年後の穂木生産に向けて準備が進められている。

「こちらから何かお願いしたわけではないのですが、県や市が私たちの取り組みに注目して支援を頂き、大変有り難いことだと思っています」と戸高組合長。

こうした地域プレイヤーの挑戦に行政が積極的に支援する体制があることは大きな力になるはずだ。

苗木品種選定へのこだわり

また森林組合では、オビスギの4品種にこだわってきた。コンテナ苗生産に当たり、穂木を採取する採穂園造成時にも改めて品種選定に取り組んだ。戸高組合長がそのこだわりを説明する。

「当地域ではオビスギ系の4品種が植えられてきました。なぜ品種を絞るかというと、これは製材工場で品質が統一されて非常に都合が良いからです。同品質の製品を安定的に供給できるわけです。私たちの先輩方々が4品種に絞って形質の良いものだけを植えてくれたおかげで、現在、製品が売りやすい状況になっているのです。

ただこの4品種のうち、イボアカという品種は製材した際に気根痕が出て工務店等から大変不評でした。そこで平成26年の採穂園造成の際には当初一番品質の良いタノアカ1種で行こうと考えたのですが、病害虫被害があった場合に1種類では危険だと判断し、7割をタノアカとしてアオシマアラカワ、マアカ、そしてイボアカの代わりに鹿児島でオビスギから選抜された始良20号を選定しました。これらは少花粉スギ品種でもあります。ですから採穂園完成後は、この4品種に限定したいと思います」。

コンテナ苗生産のカギは採穂園

協議会で取り組むMスターコンテナ苗生産に必要な設備としては、挿しつけハウス（間口5・4m、奥行き20mで1万5000本程度）と、コンテナ苗への移行ハウス（間口5・4m、奥行き20mで1万本程度）の2棟を基準にメンバー各自が生産を行っている。これにコンテナ資材が必要になる。

次にカギになるが穂木の確保。前述にあるように採穂園を造成中であと3年ぐらいは利用できないため、それまでは協議会メンバーが個々で穂木を採取しやすい造林地から母樹を選んで穂木を採取しているのが実情だ。

現在、造林地を歩き回って穂木を採る場合、程度の良い母樹であっても1本の木から10本が良いところで、造林地を駆けめぐって穂木を集めることは大変な負担であり、1人5000～1万本の生産が限界だという。これが生産が伸びない大きな原因となっている。

ちなみに採穂園では母樹1本から300本程度の穂木の採取が可能で、採穂園が使えるようになれば協議会全体で大幅な生産量アップが見込まれている。

現状では平均的に苗木生産者1者で1万本程度の挿しつけを行っているが、それでも19者で

写真３　Ｍスターコンテナ苗の挿しつけハウス

は20万本程度にはなる。採穂園ができ上がる頃には、再造林に必要な量は、現在移入の宮崎産苗と合わせて70万本以上は確保が可能になると森林組合では期待しているとのことだ。

コンテナ苗作りの流れとしては、協議会では基本的に穂木を秋採り及び春採りの年２回作業を行う。その後、培地に穂木の挿しつけを行い、半年後にＭスターコンテナに移植する。これをそれぞれ１カ月ぐらいだとすれば実質２カ月しか稼働しない。あとは水やりに気をつけるだけで、１年後には出荷となる。年間に１万本も生産すれば単純に計算しても１３０万円になるわけで、副業として魅力的である。

今後、森林組合としてコンテナ苗だけで対応していくのだろうか。

「再造林地ではコンテナ苗が植えやすい現場もあれば、露地苗が良い現場もあります。50年以来の付き合いの苗木生産者さんもありますし、まだ当面苗木は足りない状況です。そのためにもコンテナ苗も生産しつつ、従来の苗木生産者さんからの供給ラインも大事に確保していきたい」と盛田課長。

地域に根付いた循環型林業を継続していくために

なぜ実質ゼロからスタートした苗木生産事業を着実に進められたのか、そのポイントについて伺ってみた。

「まず年間造林面積300ha以上をこなさなければいけない中で、苗木が足りないという実情が目の前にありました。これから取り組むに当たって造林地がどれくらいあるかが1つの目安になるかと思います。

また技術的に言えば、私たちも決して成功しているわけではないのです。穂木を1万本挿して100％苗木ができているわけではない。年によって温度や気温、天候も変わりますし、失敗することも多々あります。そういう失敗を通じてノウハウを得ることが多いので、採穂園が完成し生産量が増えるまでには、技術を完全なものにしたいと思います」と盛田課長。

今後の課題についてはどうなのか。

「問題なのは植えて育てる側の造林班の確保です。当組合では宇目工場が稼働してから林産班は3倍以上に増え90名になり、伐採能力は過剰気味です。一方で造林班は150名ほどですが、70歳以上が2割を占めます。5〜10年後を見据えた人材確保を今からしておかなければなりません。減少に対する若者の参入は難しいものがありますが、めげずに対応してまいります。

また、国の造林補助金の大幅減があり、皆伐後の再造林については森林所有者に負担金を強いることになりました。そうなると多くの所有者が造林を拒否することが予想されます。当森林組合では、林産事業のほとんどが立木買いの買取林産です。近隣に木質バイオマス発電施設ができたこともあり、未利用材も売買できるようになりました。この未利用材を買い取り、預かり金にして、再造林及び下刈り等の森林整備に充てていくことで、所有者の負担に対応しているところです」と戸高組合長。

最後に地域に立脚した森林組合経営者としての思いを語っていただいた。

「佐伯型循環林業の核は宇目工場です。地域材に付加価値を付けるという意味では重要な役割を果していますが、大事なのは森を回すこと。森づくりの中の一環としての製材工場という位置付けです。製材工場を継続することこそが循環林業の原動力になるのです。地域を基盤に継続していくことが大事なので、必要以上の儲けに走る必要はありません。森林組合による工場経営は過去に失敗した例も多いのかもしれませんが、例外を作っていくことも使命ではないかと思っています。そのためにも英知を結集して果敢に挑戦し続ける森林組合を目指して取り組んでいくつもりです」。

（取材・まとめ／編集部）

事例2

植樹設計と連動した地域性苗木づくり

大台町苗木生産協議会（三重県）

三重県の宮川森林組合が事務局となって大台町苗木生産協議会を設立し、その地域に自生する種子から育てた「地域性苗木」を生産している取り組みについて、宮川森林組合で事務局を担当している中須真史さんに紹介していただきます。

地域性苗木を使用した多様な樹木による造林を検討

大台町は、三重県の中南勢地域の南西部に位置し、町の中央を流れる一級河川「宮川」は、大台ヶ原を源とし、伊勢湾に注いでいます。上流域は吉野熊野国立公園及び奥伊勢宮川峡県立公園に含まれ、特に源流部に位置する「大杉谷」は近畿の秘境、日本三大渓谷の１つと言われています。大台町には、そのような多様な立地で形成された自然環境により、数多くの種類の樹木が生育しています。平成28年3月には、大台町全域が大台ヶ原・大峯山・大杉谷ユネスコエコパークとして拡張登録されました。

森林については、総面積３６２・94㎢のうち93％を占めており、民有林率は83％、その人工林率は57％となっています。多くの人工林の平均樹齢が50年を超え、収穫時期に到達しています。

収穫期を迎えている人工林については、先代が残した森林資源を有効的に利用し、次世代に価値の高い森林を引き継いでいく必要があると考えています。しかし、林業における課題として、当地域では、全国的な木材価格の低下に加え、ニホンジカによる食害があります。森林所有者にとっては、木材売上による収入と、造林、育林費用のほか、維持管理を含めた防鹿対策の費用を考えると、収支が合わない場所も多く、再造林の意欲も低下しています。

宮川森林組合では、再造林における選択肢の1つとして、平成19年より地域性苗木を使用した多様な樹木による造林について検討しています。森づくりの手法としては、植栽する場所の条件を判断して適切な樹木を選ぶ「適地適木」の考え方を基本とした植樹の設計を、苗木を植

写真1　パッチディフェンス

える前に行います。森林の仕組みや樹木の棲み分けを大台の自然林を参考にしながら、場に応じた森をつくることが、多様な樹木による造林に繋がっています。さらに、これまでの取り組みの結果、既存のスギ・ヒノキの造林と比較して、下草刈りや除伐などの育林コストを低減できることがわかってきました。防鹿対策についても、様々な手法を試行する中で、「パッチディフェンス」と呼ばれる手法を採用し、実践しています。シカの生態的な特徴を利用することで侵入を防ぎ、さらに自然災害による柵の損壊などのリスク分散の効果もあり、維持管理コストを低減できると考えています。

写真２　植樹当初（平成19年11月）

写真３　８年６カ月経過（平成28年６月）

写真４　地域性苗木

地域性苗木の生産を行う意味

単一の樹木に限った造林においては、効率的に収穫を行うために、規格の揃った苗木を育成することが必要です。多様な樹木による造林においては、それぞれが異なった特徴を持つ樹木の苗木を育成し、役割を決めて組み合わせることで、自然のもつ豊かで多様な力を生かすことができます。さらに、植栽した苗木が森林となり、その種子が再び地域の森林として循環することを考えた場合、地域的にみて異なる系統の苗木を使用することは、もともとその地域にあった多様な生態系を壊すことになってしまいます。環境省や国土交通省でも「地域性在来緑化植物の供給体制整備に関する検討」において、緑化に使用される苗木について、地域性系統であること、生産経過が明らかであることを要件として定めています。また森林総合研究所では、「広葉樹の種苗の移動に関する遺伝的ガイドライン」において、広葉樹の種苗流通のゾーニングを作成しています。

以上のような背景をもとに、平成20年に宮川森林組合が事務局となり大台町苗木生産協議会を設立し、その地域に自生する種子から育てた「地域性苗木」を生産することになりました。

会員11名が120種類約2万本の苗木を生産

大台町苗木生産協議会は、大台町広報誌「広報おおだい」での公募により、平成20年3月に天野忠一さんを会長として15名で組織されました。各会員は自宅の遊休地などを利用して苗畑を整備し、小規模に生産を行っています。平成26年からは林業と福祉の連携として、障がい者の就労支援を行うジグソー工房（大台町社会福祉協議会）での苗木生産も始まり、障がい者の仕事の１つとなっています。現在では、11名の会員が約１２０種類約２万本の苗木の生産を行っています（平成28年3月現在）。

写真５　種子採取の様子

写真６　育苗風景

協議会では、種子の採取から土づくり、播種、鉢上げ、育苗、出荷まで行っています。種子の採取の際には、公園などの植栽木は避け、奥山に自生する樹木でできる限り多くの母樹から集めます。また採種した母樹の位置情報を記録し、地域性苗木の証明として使用しています。苗木の生産に際しては、生産者ごとの規格別の生産本数を「生産状況」として、また、種子採取地、採種・播種・鉢上年月日といった情報を「生産履歴」として保存しています。苗木の生産状況や生産履歴、資材の在庫管理は事務局が一括して行っています。また、定期的に会議を行って会員が集まり、意見交換や改善案、新たな取り組みの提案などについて話し合っています。

苗木需給対応の見極め

苗木の生産量の調整を行う上では、より少ない種類の苗木を扱う方が効率も良くなります。種類が多いと、種類によって種子の発芽率も異なり、年によって取れる種子の量も異なります。生産量にもばらつきが出やすくなりますが、植栽苗木の種類は現場をベースに決まるため、苗木が多くあるからといってたくさん出荷することはできません。現場に求められるニーズに対し、バランスをとって苗木を生産することが必要となります。

苗木販売の仕組みとしては、主に森林組合が協議会から苗木を購入し、植樹関係の事業で使用しています。協議会は、宮川森林組合が事務局となり、地域の住民が会員となっているため、苗木の使用者と生産者が一体となって事業を進めることが可能となっています。

会員同士の情報交換で育苗技術の改善を図る

協議会の設立時、苗木生産についての知識はほとんどなく、樹木の名前もわからないという状況でしたが、種子採取を行うため山を歩いている中で、大台にはたくさんの種類の樹木があり、それぞれ違った特徴があることに気づきました。現在では、地域の自然に詳しい方と一緒に山を歩き、樹木の特徴・生育環境、そして森林の現状についても学びながら、地域性苗木を生産する意義について認識を深め、育苗にも役立てています。

土づくりにおいても、多様な樹木に対して適する土を作ることは難しく、会員同士で情報交換を行いながら、育苗の技術の改善を図っています。大台町の住民が会員となり、行政、福祉、森林所有者など地域の様々な立場の方の協力を受けて苗木の生産を行っています。

多様な樹木を育てる難しさ

種子を採取すると気付きますが、樹木の種類が多様であるほど、その生育環境も多様です。標高だけでなく、地質、地形、土壌など、樹木が好む環境はそれぞれ異なります。その種子を持ち帰り、育苗する苗畑の日照時間、水分量、土の種類などは、遮光ネットや散水システム、土の配合等で調整していますが、生育環境としては会員ごとに様々です。同じ種類でも苗畑が違えば、成長量も異なり、種類によっては枯れてしまったり、病気が発生するケースがあります。育苗技術を向上させていく必要がありますが、そこに多様な樹木を育てることの難しさがあるように思います。しかし、この地域の中で１つの産業として定着させるためにも、事務局としては、会員が一生懸命育てた苗木を無駄にせず、再び地域に返していく責任があると感じています。

写真７　「実生栽」とネーミングされた地域性実生苗

広葉樹を含めた新たな林業の確立を目指す

育苗する中で、植栽材料として規格に合わない苗木は、年数が経過しても出荷できないため、捨てられることもありました。しかし、多様な樹木の複数の母樹から採種し育てた苗木は、それぞれの樹木の特徴を付加価値として、様々な可能性があると認識するようになりました。その１つとして、樹高が伸びないものや、樹形が曲がったものは、その自然のままの姿を生かすことで、鉢植えとして商品化することにしました。地域に自生する樹木から種子を採取し、実生から育てられた苗木を使用しているため、名称を「実生栽」とし

写真８　広葉樹を活用した商品

ています。使用する鉢も地元の窯元で会員が作製しており、地域の資源・人材・技術を生かした商品として生産しています。

また、大台町が保有するＪ－ＶＥＲ（環境省が実施するオフセットクレジット制度）と組み合わせて、カーボンオフセット付き商品とすることで、売り上げの一部が大台町の森林整備に生かされる仕組みとなっています。販売は、町内の道の駅やイベントなどで行いながら、東京ミッドタウンのWISE・WISE tools（株式会社ワイス・ワイス〈代表取締役社長 佐藤岳利〉）でも試験販売を行いました。

また、地域性苗木を安定して供給していくために、事務局である宮川森林組合では、スギ・ヒノキの人工林施業を進めながら、広葉樹を含めた林業の確立に向けて検討を行っています。森林に対するニーズも多様化しており、これまでの木材としての利用だけでなく、化粧品や薬品、生活雑貨または食品としての利用の可能性も、多様な樹木にはあることがわかってきました。

宮川森林組合では平成27年から大台町からの委託事業としてエッセンシャルオイルや広葉樹チップを使用した燻製品など広葉樹を活用した新たな商品の開発を行い、道の駅や地域の宿泊施設等で販売も行っています。今後、多様な樹木による苗木の生産をもとにして、それぞれの樹木の特性を活かした付加価値の高い商品として発展させることで、これまでなかった分野への森林資源の利用が広がり、新たな林業のかたちの1つとなることを目指していきたいと考えています。

資料編

皆伐、更新を含む施業方法の指針・ガイドライン

宮崎県　ＮＰＯ法人ひむか維森の会

長野県林務部

高知県林業振興・環境部

岐阜県郡上市

宮崎県　NPO法人ひむか維森の会

伐採搬出ガイドライン

責任ある素材生産事業体認証委員会

転載元
http://himukaishin.com/pdf/02_katsudo_bassai_guide_line.pdf.pdf

A.　伐採契約・準備

1.　伐採更新計画の策定

1.1.　所有者の意向と伐採現場の状態を踏まえて伐採更新計画（森林収穫プラン）を立てる。計画には所有者から同意の署名を得る。そのタイミングは、立木売買契約もしくは作業受託・請負契約を結ぶ時点が望ましく、少なくとも作業開始前とする。

1.2. 更新については、所有者の意向を確かめ、必要に応じて、望ましい方法が取られるよう助言をしたり、自社が作業を請け負うことを提案する、あるいは造林を行う事業体を紹介するなどの支援を行う。

1.3. 作業開始に先立ち、作業員に伐採更新計画の内容を周知する。作業を他の事業体に請け負わせるときは、伐採更新計画を守ることを請け負わせの条件とする。

※伐採更新計画には森林収穫プランもしくはそれと同等以上の内容のものを使う。
※更新とは地拵え、植林、もしくは天然更新のことを言う。

2. 契約、許可・届出、制限の確認

2.1. 土地、立木の権利関係を確認した上で、所有者と立木売買契約もしくは作業請負契約を結ぶ。契約に際し、土地の所有界については、所有者とともに現地確認を行い、不明確な場

合は、所有者と隣接所有者との間で明確化が行われたことを確認する。

※請負契約には受委託契約も含む。2.1.～2.8.は事前チェックシートを活用。許可書等を保存する。

2.2. 長期施業委託契約等の有無を確認し、契約がある場合には、委託先と森林の取扱いについて協議する。

2.3. 森林経営計画の有無を確認する。計画がある場合、必要ならば、計画変更の手続きを取る。市町村森林整備計画におけるゾーニングごとの森林経営計画認定基準に注意する。

2.4. 伐採及び伐採後の造林の届出を行う。

2.5. 保安林の場合、指定施業要件を確認の上、伐採許可を申請する。その他の制限林の場合も、伐採に対する制限事項を確認し、必要な許可等を得る。

2.6. 補助事業実施歴を所有者に確認し、伐採が過去に行われた補助事業の要件に抵触しないか、確かめる。

2.7. 伐採現場からの運材のための道路の使用について、必要な許可、地域の理解を得る。

2.8. 立木と合わせて土地も購入する場合には、国土利用計画法に基づく届出を行うか、その必要がない場合には、森林法に基づく森林の土地の所有者届出を行う。また、森林施業計画を、新たにあるいは従前のものを継承して、立てることが望ましい。

3. 保護箇所・注意箇所のチェックと現地マーキング

3.1. 土地の所有界を越えて誤伐することがないよう、必要に応じて現地に目印を付ける。

3.2. 環境保全上の保護箇所や、作業上の注意箇所を伐採更新計画において特定する。必要に応じて現地に目印を付け、誤伐を防ぎ、作業の安全を確保する。

B. 路網・土場開設

1. 使用目的・期間に応じた開設

1.1. 路網・土場の開設に当たっては、所有者等との話し合いを踏まえ、路網・土場を伐採搬出のためだけに一時的に使用するのか、その後も保育・管理のために長期にわたって使用するのか、その使用目的・期間を明確にする。

1.2. 使用目的・期間に応じて、それにふさわしい施工をする。一時的に使うものについては、埋め戻し等の方法により、原状回復が早く進むように配慮する。長期にわたり使用するものは、後々の維持管理に無理が生じないよう、路体・土場、法面が早期に安定するように配慮する。

2. 林地保全に配慮した路網・土場配置

2.1. 図面と現地踏査により、伐採現場の地形、土質、水の流れ、湧水や土砂の崩落、地割れの有無などをよく確かめる。その上で、路網・土場の開設によって土砂の流出・崩壊が起こることを極力避けるよう、集材方法と使用機械を選定し、必要最小限の無理のない路網・土場の配置を計画する。

2.2. 施工開始後も土質や水の流れなど現地の状態にはよく注意を払い、路網・土場配置がよりよいものとなるよう、必要に応じて計画の変更を行う。

※集材方法の選択、路網の計画、施工に当たっては宮崎県作業道等開設基準、宮崎県高性能林業機械作業マニュアルを参照する。

2.3. すでに土砂の崩落や地割れがある箇所、傾斜35度以上の急傾斜地など、崩壊の危険が大きな箇所での路網・土場開設は避ける。やむをえず開設が必要な場合には、一時的な使用にとどめたり、切取法面の上の下層植生を残す、法面を丸太組みで支えるなど十分な処置を講じる。

2.4. 路網・土場の開設により露出した土壌が谷川へ流入することを防ぐため、路網・土場は谷川から距離をおいて配置し、一定幅の林地がろ過帯の役割を果たすようにする。やむをえず路網・土場を谷川近くに配置せざるをえず、土砂の流入が心配される場合は、切株と残材を利用して土留めのための棚積みをするなどの処置を講じる。

2.5. 路網は、谷川を横断する箇所ができるだけ少なくなるように配置する。

2.6. 伐採箇所の中だけで路網を敷くことが無理な設計を招くと思われる場合には、隣接地を経由することも含めて代替案を検討し、隣接地の所有者と開設について交渉するなど、無理のない開設に努める。

2.7. 路網・土場の配置を計画する者と施工する者との意思疎通と連携を密にし、意図せざる施工が行われることを防ぐ。施工者は計画の内容と意図をよく理解して施工にあたり、現地の状態により計画通りに施工ができない事態が生じても、適切に計画変更がなされるような体制を取る。

3. 民家、一般道、水源地付近での配慮

3.1. 民家、一般道、鉄道を始め重要な保全対象が下にある場合、その直上では路網・土場の開設を行わない。また、路網・土場開設の施工時には土砂、転石、伐倒木などの落下防止に最大限の注意を払い、必要に応じて保全対象の上に丸太組みの柵を設置する。

※万が一に備えて、損害保険に加入しておくことも推奨される。

3.2. 地域住民の水源を汚染することがないよう、水源地では路網・土場の開設を避ける。

3.3. 墓地や山の神など祭祀の場を乱さぬよう、これらとは距離を置いて路網・土場を配置する。

3.4. 電線、電話線、有線などを切断することがないよう、路網・土場の開設前に電力会社、電話会社に連絡し、また地元と話し合いの上、必要な処置を行う。

4. 生態系と景観保全への配慮

4.1. 重要な植物群落、野生生物の生息箇所を可能な限り調べ、生物多様性の保全に配慮した路網・土場の配置に努める。

4.2. 谷川沿いの生態系を保護するため、伐採更新計画において谷川沿いの箇所を特定する。路網・土場は、谷川を横断する必要がある場合を除き、谷川から一定の距離をおいて配置する。

4.3. 現場の土質が、河川の長期の濁りを引き起こす粘性土の場合、土砂の流出には特に留意し、路網・土場の配置、施工方法を選ぶ。

4.4. 路網・土場開設による土壌露出の視覚的インパクトが強すぎることがないよう、集落、一般道などからの景観に配慮して路網・土場の密度と配置を調整する。

5. 切土・盛土と法面の処理

5.1. 林地保全のため、路網・土場開設に伴う地形の改変はできるだけ少なくする。そのために、路網・土場の配置は自然の地形に合ったものとする。切土高は最高でも概ね3ｍまでとし、通常は2ｍ以内に抑える。

5.2. 切土・盛土の量を抑えるために、道幅は作業の安全を確保した上で必要最小限とする。盛土の締め固めをしっかり行うのはもちろんのこと、可能な限り表土ブロック積み工法や丸太組み工法を活用して、盛土の安定化を促し、盛土上を安全に走行できるようにする。

5.3. 土工量の多いヘアピン・カーブは、傾斜が比較的緩やかで、地盤の安定した箇所を選んで設置する。

5.4. 残土は谷川に流出しないように、地盤の安定した箇所に置く。

6. 路面の保護と排水の処理

6.1. 大雨でも崩壊が起きないように、水の流れをコントロールすべく、路網を配置する。路面水が集中して長い区間流下することがないように、地形を利用しながら上り坂と下り坂を切り替え、こまめに排水が行われるようにする。切り替えの間隔は20ｍ以内が望ましい。

6.2. 路面から谷側斜面への排水箇所は、なるべく尾根部や常時水の流れている谷など、水の流れに強い場所に設ける。路面から谷側斜面への排水を促すには、外カントにするか、横断溝を設ける。崩れやすい盛土部分に排水する場合は、洗掘を防ぐために転石や根株を組むといった処置をする。

※外カントとは谷側を下げるように路面に横断勾配を付けること。

7. 谷川横断箇所の処理

7.1. 谷川横断箇所では谷水が道路に溢れ出ないように施工し、維持管理を十分に行う。暗渠を用いる場合はつまりが生じないように十分な大きさのものを設置し、受け口の土砂だめ容量を十分取る。洗い越しとする場合は横断箇所で路面を一段下げる。

7.2. 車両の走行による水の濁りの発生を抑えるため、洗い越しによる横断箇所では石組み、丸太組みなどの構造物を設置して路面を安定させる。

C. 伐採・造材・集運材

1. 伐採区域

1.1. 谷川沿いや尾根筋、崩壊の危険のある箇所など、環境保全上重要な箇所については、伐採の適否、また天然生林への移行を含めた伐採更新の方法を所有者と協議し、慎重に判断する。

1.2. 環境保全上、また林業経営上の利益のため、保残帯、保残木、下層植生を残す箇所を、所有者と協議の上、必要に応じて設定する。作業中は誤伐を防ぐなど、その保護に十分注意を払う。

※風当たりなど隣接地への影響にも配慮することが望ましい。

1.3. 10 haを超える面積の伐採を行う場合は、伐区を設定し、伐採を空間的、時間的に分散させることが可能かを検討する。また、保残帯の効果的な配置に努める。大面積を一度に伐採することにより、土砂が谷川に集中して流れ込むことには特に留意し、集材方法、またその組み合わせ、路網の密度と開設方法には特段の配慮をする。

2. 作業実行上の配慮

2.1. 一時的に使用する路網、土場では、その後の植生回復に支障を来さぬよう、雨上がりの車両走行などによる土壌攪乱に注意する。

2.2. 民家、一般道を始め重要な保全対象の上に位置する現場では、伐倒木、丸太、枝条残材、転石の落下防止に最大限の注意を払う。

2.3. 現場への関係者以外の立ち入りを禁止する立て看板を用いることなどにより、現場内の安全確保、事故防止に努める。

2.4. 地域住民の通行する道路では、作業がその妨げとならないよう十分に注意を払う。

2.5. 民家や家畜飼養施設などが近い現場では、早朝、夕方以降の作業を避けるなど、必要な騒音対策を取る。

D. 更新・後始末

1. 更新の支援

1.1. 伐採跡地を森林の更新が進みやすい状態で残す。天然更新の場合、下層植生、特に広葉樹の保護に努める。人工造林の場合、地拵えの手間を省けるよう枝条残材の整理に努める。

1.2. 森林所有者からの要請に応じて伐採から植林までを責任を持って、かつ効率的に行いうるよう、自社で一貫して引き受ける体制を取るか、森林組合など造林事業体との連携体制を築いておく。

2. 枝条残材、廃棄物の処理

2.1. 枝条残材を現場に残す場合、出水時に谷川に流れ出したり、雨水を堰き止めることなどにより林地崩壊を誘発することがないよう、置く場所を分散させたり、杭を打つなど、置き場所、置き方には十分注意する。

2.2. 枝条残材の置き場所に無理が生じないように、予め路網・土場の開設時から、発生するであろう枝条残材の量を見積もり、必要な数と面積の置き場所を準備しておく。

2.3. 景観を乱す、巨大な枝条残材の山積みは避ける。

2.4. 廃棄する資材、廃油等は全て持ち帰り、適切に処分する。

3. 路網・土場の後始末

3.1. 一時的に使用した路網、土場は、必要に応じて埋め戻すなどし、植生の回復を促す。

3.2. その後も使用する路網・土場については、作業により荒れた箇所の補修を行う。さらに、長期間壊れにくい施設となるよう、作業後に行うことが望ましい処理、すなわち溝切りや敷き砂利、外カントによる路面排水処理などを、必要に応じて行う。

3.3. 運材に使用した道路については、補修を行うなど、道路管理者に対して負う責任を果たす。田畑を通った場合は、原状回復を行う。

4. 事後評価

4.1. 全ての作業が終了した後、伐採更新計画（森林収穫プラン）に則って作業を完了したことを所有者に報告し、確認の署名を得る。

4.2. 伐採更新計画について事業体内部で事後評価を行う。計画ならびに作業実施が適正であったかを検討し、次回からの改善につなげる。

※事後チェックシートを活用する。

E. 健全な事業活動

1. 労働安全衛生

1.1. 労働安全衛生法を始めとする関係法令を遵守し、労働災害の防止、労働環境の改善に取り組む。林業・木材製造業労働災害防止規程等を備え、具体的な事項についてはこれを参照する。

1.2. 現場には、作業主任者、特別教育修了者等の必要な有資格者を配置する。そのために、従業員の資格取得に努める。

1.3. 毎日の危険予知ミーティング、指差し呼唱を怠らない。新たに採用した従業員の配置時や新たな機械の導入時などにはリスクアセスメントを実施し、危険要因の排除に努める。

1.4. 中高年者の労働安全には特に注意を払う。

1.5. 緊急時の速やかな救護のため、現場からの緊急連絡体制を整備し、現場には担架などの救急用具を配備しておく。

1.6. 健康診断を定期的に実施するとともに、振動障害の予防に取り組むなど、従業員の健康維持に努める。

1.7. 安全教育の実施や安全大会への参加に積極的に取り組むことで、労働災害の絶滅に向けて、意識の向上を図る。

※労働安全衛生に係る従業員への普及については、「林業作業現場における安全衛生の基本」(宮崎県、林災防宮崎県支部)などを活用する

2. 雇用改善

2.1. 労働基準法を始めとする関係法令を遵守することはもちろん、林業労働者の地位向上を目指し、賃金や福利厚生等の労働条件の改善に努める。

2.2. 従業員の技術向上を助けるため、資格取得、研修への派遣に努める。

2.3. 日頃から職場内のコミュニケーションを十分に図り、従業員個々の人格を尊重し、働きやすい職場作りに努める。

2.4. 林業技術、またその担い手である林業技術者の役割の重要性について、従業員の自覚の涵養に努める。

3. 作業請け負わせ

3.1. 伐採搬出作業を他の事業体に請け負わせる場合は、条件の明確な契約を文書で交わす。

3.2. 請け負わせ先の事業体は伐採搬出ガイドラインの認証を受けている事業体であることが望ましい。そうでなければ、その事業体がガイドラインの諸規定を遵守していることについて確認を取る。

3.3. 請け負わせる作業については、森林所有者から同意を得た伐採更新計画（森林収穫プラン）の内容を遵守することを請け負わせの条件とし、請け負わせ金額はそれに見合ったものとする。請け負わせ先の事業体が計画作成に関与しておくことが望ましい。計画変更などが、請け負わせ先、自社、森林所有者の三者間で円滑に進むように配慮する。

4. 技術向上と事業改善

4.1. 作業効率化、労働安全衛生、環境保全のための素材生産技術の向上に努める。そのための情報収集、研修への参加などに積極的に取り組む。

4.2. 伐採更新計画（森林収穫プラン）に基づく事業実施の事後評価などを活用し、事業活動の改善に取り組む。

5. 業界活動・社会貢献活動

5.1. 業界活動に積極的に参加し、自ら研鑽を図るとともに、業界の発展に寄与する。

5.2. 社会貢献、地域貢献に事業体として取り組む。

5.3. 伐採搬出ガイドラインの普及、ＰＲに努め、また制度の改善に意見を寄せるなど、その発展に寄与する。

制定　２００８年5月17日
改訂　２００８年6月18日
　　　２０１２年10月19日

伐採搬出ガイドライン　事前チェックシート

現場:　　　　　　　　月日:　　　　　　　　記入者:

		チェック
1	土地の権利について登記簿等で確認した。	□
2	境界は隣接所有者との間で確定済で、目印などにより明確である。	□
3	長期施業受託契約が結ばれている。	Yes / No
	→ 伐採に関する受託者との調整を済ませた。	□
4	所有者もしくは長期施業受託者が森林経営計画を立てている。	Yes / No
	→ 森林経営計画の変更を行ったか、必要ないことを確認した。	□
5	伐採及び伐採後の造林届出を提出した。	□
6	保安林である。	Yes / No
	→ 指定施業要件を確認、保安林伐採許可を受けた。	□
	→ 路網・土場開設について土地形質変更の許可を受けた。	□
7	その他の制限林である。	Yes / No
	→ 伐採が制限内容に抵触しないことを確認した。	□
	→ 必要な許可、届け出をした。	□
8	伐採が過去の補助事業の要件に抵触しないか確認した。	□
9	運材の道路の使用について必要な許可、手続きを済ませた。	□
10	土地を購入した。	Yes / No
	→ 面積1ha以上(都市計画区域外の場合)ならば国土利用計画法の届出を、1ha未満ならば森林の土地の所有者届出をした。	□
	→ 森林経営計画の継承、新規樹立を検討した。	□
11	伐採更新計画を立て、所有者の同意の署名を得た。	□
12	保護箇所、注意箇所は目印などにより明確である。	□

伐採搬出ガイドライン　事後チェックシート(1/2)

1. 実績

現場:　　　　　　　　　　　　　　作業期間:　　月　　日 ～　　月　　日

作業内容:　主伐　・　間伐　・　路網土場開設　・　造林　・　その他

生産量:

2. 作業責任者による評価

※ S=特別に良い仕事ができた、A=良い仕事ができた、B=必要なことはできた、C=十分な仕事ができなかった

(伐採更新に関する制限)

		評価
1	法令による制限の確認は適切であった。	S　A　B　C
2	必要な許可、届け出を全て行った。	S　A　B　C
3	作業は、法令による制限を守り、適切に行った。	S　A　B　C

良かったところ、十分でなかったところ

(伐採計画)

4	路網・土場の開設は計画通りであった。	S　A　B　C
5	路網・土場の配置は適切であった。	S　A　B　C
6	路網・土場の施工は適切であった。	S　A　B　C

良かったところ、十分でなかったところ

7	伐出方法と機械の選択は適切であった。	S　A　B　C
8	伐出作業は安全に行われた。	S　A　B　C
9	伐出作業は環境保全に十分配慮して行われた。	S　A　B　C
10	伐出作業は地域住民に迷惑をかけることなく行われた。	S　A　B　C

良かったところ、十分でなかったところ

11	路網・土場の後処理は適切に行った。	S　A　B　C
12	枝条残材の置き場所の確保は十分なものであった。	S　A　B　C

伐採搬出ガイドライン　事後チェックシート(2/2)

13	枝条残材の処理は適切に行った。	S　A　B　C

良かったところ、十分でなかったところ

(更新計画)

14	更新は計画通りであった。	S　A　B　C
15	更新計画は林業経営を支援するものであった。	S　A　B　C

良かったところ、十分でなかったところ

(全体)

16	生産量の見積もりは適切であった。	S　A　B　C
17	事前の所有者との意見交換は十分なものであった。	S　A　B　C
18	事前の現況確認は十分なものであった。	S　A　B　C
19	作業期間は計画通りであり、作業はスムーズに進んだ。	S　A　B　C
20	所有者の事前同意と完了確認はスムーズに得られた。	S　A　B　C

良かったところ、十分でなかったところ

月日:　　　　　　　　　　作業責任者:

3. 管理者による評価

月日:　　　　　　　　　　管理者:

長野県

皆伐施業後の森林を確実に育てるために
～皆伐施業後の更新の手引き～

平成27年3月

長野県林務部

※一部抜粋して掲載

転載元

http://www.pref.nagano.lg.jp/ringyo/kensei/soshiki/soshiki/kencho/shinshunoki/documents/reforestmanual.pdf

2章　皆伐施業の制限地等

前章では、皆伐施業後の更新の方法を整理しましたが、本章では、皆伐施業を制限しなければならない場所について整理します。ここでの皆伐施業は、山地災害の発生原因になる場合や、次世代の森林造成が非常に困難になることがありますので、充分に留意してください。

1　法令等による皆伐施業の制限地

保安林や市町村森林整備計画で施業種を択伐などに指定されている森林など、皆伐施業が制限されている場合は、皆伐施業が出来ません。以下のような皆伐施業の制限に関する詳細は、関係課所に問い合わせて確認してください。

＊法的規制（保安林、国立公園特別地域など）
＊市町村森林整備計画（公益的機能別施業森林のゾーニング及び施業種）

2　立地的条件による皆伐施業が困難な場所

皆伐施業は、一時的ではありますが森林を失う施業ですので、周辺環境への影響が大きくなることがあります。以下の場所では、森林への早期回復が望めないことから、皆伐施業の実施については、慎重に判断してください。

1）　崩壊危険地などの不安定斜面

2）荒廃が進みやすい林地
3）被害のリスクが高い林地
4）経費がかかりすぎる林地

1）崩壊危険地などの不安定斜面

山地災害履歴のある箇所や山地災害危険地区が存在する流域は、崩壊危険地などの不安定な斜面の存在が考えられます。このような場所は、山地災害を誘発するおそれがあるため、皆伐施業は原則避けることが望ましいです。

特に、河川、渓流沿いの水辺や、人家や耕作地などの生活に関わる土地の周辺では緩衝帯を残すなど、慎重な判断が必要です。

山地災害危険地区については、地方事務所林務課の治山担当者に問い合わせてください。

2）荒廃が進みやすい林地

浸食が進行した沢筋やゼロ次谷の周辺は、皆伐施業直後の大雨等により、土砂災害を誘発する危険があります。このような場所での皆伐施業は、局所的に群状の残存域を設けるなど、慎重な施業が必要となります。災害の危険度が高い侵食地形などは、原則、現地踏査により把握することが必要ですが、ＣＳ立体図等の詳細な地形図を活用することにより、効率的な調査が可能になります。

ＣＳ立体図の活用方法や、現地の危険性等が判断できない場合は、地方事務所林務課の治山担当者や、山地災害の専門家に相談してください。

3) 被害のリスクが高い林地（第3章参照）

獣害が激しい場所や風害、雪害等の気象害が頻発している地域での皆伐及び更新施業は、第3章の記載を参考にしてください。

4) 経費がかかりすぎる林地（第5章参照）

皆伐施業及び植栽・初期保育にかかる経費の収支が見合わない場所は、次世代の森林づくりにかかる植栽及び初期の保育経費が捻出できず、更新放棄地となる可能性が高いので、皆伐施業を避けることが賢明です。

この場合は、皆伐施業を避け、択伐施業など別の方法で伐採しながら森林の活用を図るべきです。

人工植栽による植栽から初期保育にかかる費用に比べて、天然更新では植栽費用がかからないことなどから安易に出来る印象がありますが、天然更新は前述したように技術が確立していないため、単純にうまくいくとは限りません。

獣害防除などで費用がかさむ場合は、地域全体での被害を軽減するなど総合的な対策を講じる場合も考えられます。

皆伐施業を行う面積の考え方

地域森林計画では、「一箇所あたりの皆伐の上限面積は20 haを超えないものとするが、出来るだけ小面積とするよう計画する。」とされています。

一方で、あまりにも小面積で皆伐施業を行ってしまうと収入に対して伐採経費がかさみ、収支のバランスが悪くなるほか、周囲に残る立木の影響で、光環境の改善効果が小さく更新させた木の成長が悪くなるという生態的な課題も残ります。一般的に林縁から樹高幅程度の範囲までは、光環境への影響が発生することが危惧されます。仮に樹高20 mの森林で中央部の1 haを正方形で伐採した場合、樹高幅にあたる周囲20 m範囲は光環境の影響をうけるため、1haを皆伐しても充分な光を受けられるのは0・36haにとどまってしまいます（左図）。

皆伐施業の事例が少ないため最も効率的な伐採面積を示すことは難しいですが、国有林では3~5ha程度を上限として一つの伐区が設定されており、これが経営面での判断基準の一つにはなります。

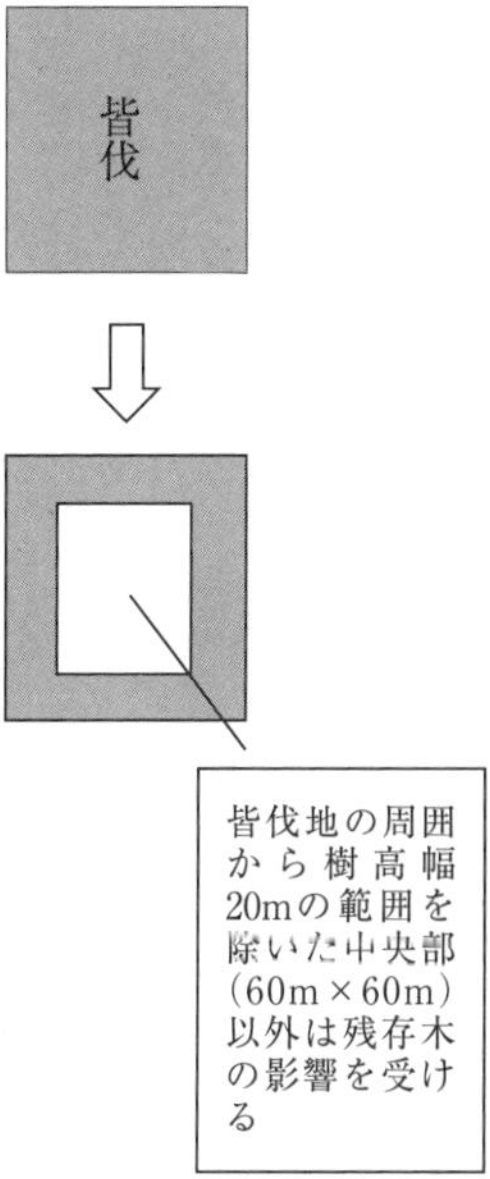

皆伐地の周囲から樹高幅20mの範囲を除いた中央部（60m×60m）以外は残存木の影響を受ける

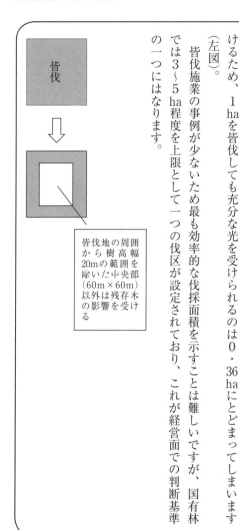

3章　被害リスクの判断

県内で皆伐施業を行い、次世代の森林を健全に育成させていく中で、そのリスクが大きいと考えられるのが、①ニホンジカ、②その他の獣類、③病虫害、④気象害です。

本章では、被害による影響を、これら4種類の被害とその他の被害の5つに分けて示します。

1　ニホンジカ被害

被害の形態：更新木の枝葉食害、幹の剥皮被害

被害の特徴：生息密度が増加すると被害が発生し生息密度が高いほど激害化

被害の区分：ニホンジカの生息密度を元に本書では3種類に区分します。

「激害地」：10頭／km²以上が生息する生息密度が非常に高い地域

「被害地」：2～10頭／km²以上が生息する生息密度が高い地域

「微害地」：2頭／km²未満が生息する生息密度の低い地域

＊生息密度は、ニホンジカの保護管理計画（5年毎に更新）で、調査されている。

＊不明な場合は、周辺森林等の状況からも推定可能

生息密度と被害との関係：表3－1のとおり

1）　被害対策の長所と短所

①侵入防止柵

ニホンジカから森林を守るため、区域全体を金網や、ネットなどで囲うもの。ニホンジカの侵入を防ぐため、1・8m以上の高さが必要。

長所：物理的にニホンジカの侵入を防ぐ
　面的な森林の保護が可能
　激害地での効果もある
　単木あたりの経費は低コスト

短所：柵のメンテナンスが必須
　・柵に隙間があれば侵入される
　・大面積に設置した場合、一度でも侵入されると柵内の被害が甚大

②単木防護資材

プラスチック製のネットや筒などで立木の幹または植栽木を一本ずつ囲うもの。ニホンジカ

の食害を受けやすい地上高1・5m程度までを保護するものが多く市販されている。
長所：守りたい林木だけを確実に守れる
資材が壊れても単木単位の被害で収まる
植栽木から成木までサイズや資材を変えて防護可能
短所：大面積ではコスト高
樹木の成長に合わせて付け替え等の作業手間が大きい
設置位置が1・5m程度のため、それ以上高い位置が保護できない
プラスチック製の筒で被ったものに成長不良事例がある

③忌避剤
ニホンジカ等の獣が苦みを感じる成分を含んだ薬剤（忌避剤）を枝葉に塗布または立木に散布する方法。
長所：作業が容易で安価
短所：激害地では効果がなく、被害地でも効果が低い

④被害を受けにくい樹種への転換
ニホンジカは嗜好性があるため、被害を受けにくい樹種へ転換する方法。
長所：防除資材を使わないためコストは通常の植栽経費のみ
短所：激害地では効果なし
参考：長野県内での大まかな樹種別の嗜好性
　嗜好性が地域によって異なり確実性が低い
　針葉樹：モミ、ヒノキよりカラマツ、スギが被害にあいにくい
　広葉樹：カエデ、サクラよりカンバ、シデ等が被害にあいにくい

⑤下刈り等の省略（下層植生の繁茂による防衛）
ニホンジカが主幹を食害しにくくするため、雑草木や枝葉を繁茂させるため下刈りや裾払いを省略する。
長所：保育コストの低減
短所：植栽木への成長が阻害
　激害地では下層植生が食害されるため効果なし

⑥個体数調整

銃砲やわななどでニホンジカを捕獲し、物理的に個体数を減らす方法

長所：個体数減による被害の軽減効果大

短所：絶滅の危険性あり

参考：長野県では5年に一度改訂される特定鳥獣保護管理計画を樹立し、個体数の抑制と絶滅を防ぐための個体数管理の指針を定めている。

表3−1 ニホンジカの生息密度別に見た被害程度と被害対策の関係

ニホンジカ生息密度		10頭/㎢以上 非常に高い	2〜10頭/㎢ 高い	2頭/㎢未満 低い
被害の状況	区分	激害地	被害地	微害地
	周辺森林等の状況	＊あるはずのササが消失 ＊林内の多くの種類で幹が剥皮されている（ヒノキ、ミズナラ、カラマツなど）	＊ササの食害がある ＊樹種によっては細い立木の幹剥皮が観察できる（リョウブ、カエデ、ヤナギなど特定の樹木）	＊枝葉が食害されている ＊角こすり被害は見られるが、樹皮剥皮はほとんどない
	地域の農林業被害の程度	重要な問題となる（個体数が増えるほど甚大）	有り（山際の集落などで問題になる）	被害と感じない
対策の必要性		必須（複数の組み合わせも検討）	必要	植栽する場合は実施することが望ましい
被害対策	侵入防護柵	どちらか必ず必要（両方を組み合わせても良い）	どちらかを実施することが望ましい	不要
	単木防護資材			
	忌避剤	効果なし	個体数が少なければ効果有り	効果有り
	被害を受けにくい樹種への転換	困難（防護資材と組み合わせれば有効）	個体数が少ない状態に限り効果有り	不要
	下刈り等省略	林床植生が欠落するので効果なし	個体数が少ない状態に限り効果有り	不要
	個体数調整	かなり有効	有効	個体数を増やさないために必要

表3－2　ノネズミの種類別被害の特徴

種類	アカネズミ・ヒメネズミ	ハタネズミ
生息環境	成熟した森林	草原の周辺やササ地
被害形態	ドングリなどの種子食害	植物の根系食害（植栽初期）
対応策	・殺鼠剤の散布 ・個体の捕獲	・殺鼠剤の散布 ・個体の捕獲 ・そだを林外へ持ち出す ・根元に保護材を巻く

2　その他の獣類による被害

造林地が減少しているため、最近は話題になりませんが、更新時に気をつけなければならないのが、ノネズミとノウサギ、ニホンカモシカの被害です。

1）ノネズミの被害

県内の山林で見られるノネズミには、アカネズミやヒメネズミのようにドングリなどの堅果類を食べる種類と、ハタネズミのように樹木などの根系を食べる種類があります。

①アカネズミ・ヒメネズミ

アカネズミやヒメネズミは、森林に棲息し、ドングリなどの堅果類を好んで食べるため、播種による更新を試みても食害される可能性が高く、ほとんど更新できません。

食害防止を目的に、ドングリを竹筒の中へ入れた試験も行いましたが、わずかな隙間を見つけて食べられるケースも多く、高い食害防止効果は得られませんでした。

②ハタネズミ

ハタネズミは、ササ地や草原周辺に生息しており、地表近くにある樹木の根系を食害して稚樹を枯らします。

県内のササ地では、植栽した広葉樹が数年で壊滅した事例もあります。殺鼠剤を散布して個体数を減らした上で広葉樹を植栽しても、地拵え時に残した「そだ積み」の周囲で被害を受けた事例があり、造林面積が拡大すれば、甚大な被害が危惧されます。被害対策は、殺鼠剤の散布を行うほか、植栽時に根元に保護材を巻くなどの方法もあります。

2) ノウサギの被害

被害の形態：更新木の先端食害（地上高70㎝以下で直径8㎜以下の部位を切断

被害の特徴：更新木の先端がナイフで切ったようにきれいに切られる

生息環境：森林と草原の境界付近で生息

皆伐後の造林地は生息の最適地

・昭和50年代には長野県内で700ha／年の被害
被害の時期：冬季が中心（広葉樹は1月以降、針葉樹は2月以降
被害樹種：アカマツ、ヒノキ、ミズナラ、クリなど多数
被害対策：大苗の植栽
個体捕獲
留意点：積雪地では積雪の上部に出た部分も食害される

3）ニホンカモシカの被害

被害の形態：樹木の枝葉食害
被害の特徴：苗木の先端部の食害
生息環境：森林
被害樹種：イチイやヒノキなどの針葉樹を好む（広葉樹も加害例あり）
被害対策：忌避剤、植栽木の先端部保護
留意点：なわばりを持ったため特定個体が年間通じて加害
国の特別天然記念物指定（捕獲は制限）

3　病虫害による被害

樹木の病虫害も非常に種類が多い中、本書では、皆伐後の更新をすすめる上で注意すべきものとして、ナラ類の集団枯損（ナラ枯れ）とマツ材線虫病（マツ枯れ）、ならたけ病の3種類について記載します。

1）ナラ類集団枯損（ナラ枯れ）

被害形態：カシノナガキクイムシによって運ばれたナラ菌による衰弱枯死
被害の特徴：大径木が一気に萎れて枯損する
被害樹種：ミズナラやコナラ、クリなどブナを除くブナ科樹木
被害対策：被害地のナラ類の短伐期利用（用材生産を行わない）
　　被害地の近くでは早期に大径木を伐採利用
　　伐採時は地際で伐採
　　殺菌剤の注入

2) マツ材線虫病（マツ枯れ）

被害形態：マツノマダラカミキリによって運ばれたマツノザイセンチュウによる衰弱枯死
被害の特徴：一年を通じて枯損するが夏から秋が多い
被害樹種：アカマツ、クロマツ、ゴヨウマツなどマツ属の樹木
被害対策：アカマツ以外への樹種転換
・松林の林床に生育する広葉樹の積極的な活用
抵抗性アカマツの導入
抵抗性マツ：マツ材線虫病に対する抵抗性が認められるマツ
枯れないマツではないが枯れにくくなる
長野県ではH27現在抵抗性の評価実施中（H30以降に普及予定）

3) ならたけ病

被害の形態：樹皮下に病菌（ナラタケ菌）が回り、衰弱して枯損
被害の特徴：枯損木の根元付近で樹皮を剥ぐと、白色の菌糸膜あり
菌糸膜にはキノコ臭がある

被害樹種：広葉樹だけでなくカラマツやヒノキなどの針葉樹でも被害あり加害種のナラタケは複数種あり、種類ごとに加害種が異なる
被害対策：薬剤などによる防除方法は無い
被害地で発生、成長してきた樹木の育成

4　気象害の危険地

県内で発生する気象害は、主に雪害、寒害、風害、雨氷害があります。被害は、長い時間で見ると比較的同じような場所で発生することが多いことから、過去に甚大な被害のあった場所では、人工植栽を避けるなどの対応が必要です。

1）　雪害

①冠雪害
被害形態：雪の重みによる幹折れ（場合によっては根返り枯損）
被害地域：主に少雪地域（多雪、豪雪地域を除く）
被害対策：適正な保育施業による健全木の育成

②雪圧害
被害形態：地面に降り積もった雪による、稚幼樹への被害
被害地域：多雪、豪雪地域
被害対策：春先の雪起こし

2) 寒害

①凍害
凍害：低温による樹幹等の凍結
霜害：遅霜等による新芽等の枯死

②寒風害
被害形態：寒風によって樹幹等から水分が奪われて枯死
被害対策：被害の常習地域では、耐凍性の強い樹種を選択

3) 風害

過去に本県では、大規模被害はほとんどない
（昭和34年の伊勢湾台風による風倒被害が最大で唯一）

4) 雨氷害

被害形態：0℃以下でも凍らない過冷却状態の雨が、樹冠の木の枝などに氷の状態で付着し、その重みにより樹木が倒伏折損する現象
発生状況：県内では10数年に一度程度の割合で発生
　八ヶ岳から美ヶ原周辺の中信地域では比較的多い
被害対策：適正な保育施業による健全木の育成

5　木材生産を行う時期に問題となる病虫獣害

皆伐後の更新段階では、あまり問題になりませんが、その後、木材生産時に木材の材質の劣化等が判明し、木材価格の低下を招く病虫獣害による被害もあります。県内ではツキノワグマによる樹皮剥皮、スギカミキリ、スギノアカネトラカミキリ、カラマツ腐心病などがこれにあ

たります。木材生産を目的として森林を育成する場合は、更新時から留意することが必要です。

①ツキノワグマ

被害形態：樹皮剥皮

被害の特徴：成木のみを春から夏にかけて剥皮し樹皮下の形成層を食害

・同一林分内でも太い木の加害が多い

・獣道に沿って加害発生

・本県では中信や南信で多い

被害樹種：スギやヒノキ、カラマツ等の針葉樹で多い

被害対策：幹へテープ類を巻きつける、防護資材等の設置

②スギカミキリ

被害形態：スギ及びヒノキの幹内部を食害することにより材質が劣化

被害の特徴：スギは、幹の内部を食害し材質が劣化

ヒノキは、幹の内部を食害し材質劣化、枯死の事例が多い

被害樹種：スギ及びヒノキ

被害対策：粘着シート（産卵に来るカミキリムシを捕獲）
　樹種転換（過去の被害地ではスギ及びヒノキを植えない）
　短伐期施業（被害リスクを避ける）

③スギノアカネトラカミキリ（とびくされ）
被害形態：枯れ枝に産卵後、幼虫が枯れ枝から幹に侵入して営巣
　営巣痕が数年経過後に材を変色（とびくされ）させる
被害の特徴：枯れ枝が残っている手入れ不足のスギに多く、木材にした場合に変色が発生
被害樹種：スギ
被害対策：生枝打ちの実施（枯れ枝の早期除去）
　トラップ設置（個体密度を減らす）
　短伐期施業（被害リスクを避ける）

④カラマツ腐心病
被害形態：カラマツの心材部が腐朽するため材質が劣化

被害の特徴：樹木の根系ならびに幹等に傷があると菌が侵入し心材部を腐朽
凹地や平坦地など地下水が溜水しやすい場所で多発
木材内での腐朽の進展速度は速く、1m／年に達する報告もある
被害樹種：カラマツ
被害対策：丁寧な搬出作業（間伐作業時には幹や根に傷を付けない）
樹種転換（過去の被害地ではカラマツを植えない）
短伐期施業（被害リスクを避ける）

5章　経費負担を考える

2　再造林経費の試算例

植栽から初回の除伐までの10年間に必要とする初期保育経費について試算しました。

1） 試算にあたっての条件

植栽樹種：カラマツ・ヒノキ
植栽面積：4 ha
使用苗木：コンテナ苗・普通苗
下刈り：5年間
除伐：10年生時に1回
補助金：70％
設計単価：平成26年度「信州の森林づくり事業」標準単価

2） 試算結果

①コンテナ苗で植栽した場合
②普通苗で植栽した場合
③留意事項

コンテナ苗木は、土壌が凍結する等極寒期を除き植栽が可能であり、伐採と植栽の一貫作業を実施することにより、地拵え費用を削減できるなど更新経費の削減が期待されています。こ

表5－4　コンテナ苗による植栽及び初期保育経費

単位：円/ha

区分		内訳	カラマツ 2,300本/ha	ヒノキ 3,000本/ha
地拵え＊			122,800	122,800
再造林・育林費用	植栽	コンテナ苗	914,600	1,170,200
	下刈り	1～5年生	1,006,500	1,006,500
	除伐	10年生	314,400	314,400
事業費計			2,358,300	2,613,900
補助金		70%	1,650,800	1,829,700
所有者負担額			707,500	784,200

＊地拵え費用は、普通苗植栽の場合の30%で想定

表5－5　普通苗による植栽及び初期保育経費

単位：円/ha

区分		内訳	カラマツ 2,300本/ha	ヒノキ 3,000本/ha
地拵え			409,300	409,300
再造林・育林費用	植栽	普通苗	571,400	918,700
	下刈り	1～5年生	1,006,500	1,006,500
	除伐	10年生	314,400	314,400
事業費計			2,301,600	2,648,900
補助金		70%	1,611,100	1,854,200
所有者負担額			690,500	794,700

のため、コンテナ苗木による造林は国有林を中心に普及し始めています。

しかし、コンテナ苗木は、これまでの普通苗に比べて価格が高いことや、技術開発が始まって間もないため、育苗技術の開発や生産流通休制の整備には改良する余地が残されています。

このため、使用する苗木の種類については、最新の情報を入手して双方の利点や欠点を良く理解したうえで、選定することが必要です。

高知県

皆伐と更新に関する指針　平成24年9月

高知県林業振興・環境部

※一部抜粋して掲載

転載元

http://www.pref.kochi.lg.jp/soshiki/030301/files/2015051200055/kaibatsukoushinshishin.pdf

◆再造林（植栽樹種）と天然更新について

皆伐による人工林の伐採跡地は、森林資源の確実な更新を図るため、再造林を行うことを基本とします。

再造林や天然更新が難しい箇所では皆伐は行わず、択伐等による非皆伐とするようにします。

なお、樹木の生長には土壌、地形（方位、傾斜）、気象（気温、降水量）などが影響しますので、再造林によって植栽する樹種選定には注意する必要があります。

（1）再造林によるもの

①建築用材等の収穫を目標とし、天然更新では目標達成が期待できない場合
②保安林等の制限林であって、植栽を義務付けている場合 等

※植栽樹種について
植栽する樹種は、適地適木を基本とし、地形、土壌、気候等の自然条件や木材の利用状況等を勘案して決定します。針葉樹ではスギ、ヒノキ等、広葉樹ではクヌギ、ケヤキ等を主体とし、地域に適した高木性の有用広葉樹を植栽するものとします。

なお、樹木は農作物と違って、収穫までの期間が長く、樹種転換を簡単に行うことができませんので、適地適木の重要性を十分認識する必要があります。

また、「ウ その他の広葉樹」に記載している中には、苗木の入手が困難なものがあります。

（2）天然更新によるもの

ア　主な樹種の特性

植栽樹種	植栽場所	地形			適応性	
		谷	斜面	尾根	耐乾性	耐陰性
スギ	湿潤で腐植質に富む肥沃土壌が適地	○	○		湿·中	中
ヒノキ	適潤地が生育適地であるが、急傾斜地、尾根筋等の乾燥地にも生育		○	○	中	中
クヌギ	日当たりの良い、適潤性の肥沃土壌が適地		○	○	中	陽
コナラ	適潤で肥沃な深層土でよく生長するが、乾燥に耐え、尾根筋や斜面でも育つ		○	○	中·乾	陽
ケヤキ	適潤で肥沃な深層土を好み、谷筋や中腹以下の斜面で生育	○			湿·中	陽

◇耐乾性：湿・中・乾　　◇耐陰性：陰・中・陽

イ　地形から選定する主な樹種

地　形	針葉樹	広葉樹
尾　根	(ヒノキ、アカマツの天然更新)	(コナラのぼう芽更新)
斜　面	ヒノキ、アカマツ スギ	コナラ、クヌギ ケヤキ
谷	スギ	ケヤキ

(注) 地形は、水分条件などの諸要件が複雑であることや標高によっても異なりますので、一概にはいえませんが簡便のため3区分としています。
　尾根部の乾燥している土壌は、植栽木の生育には適していませんので、皆伐による人工造林は不向きです。

ウ　その他の広葉樹

成長の比較的早い高木の広葉樹は次のとおりです。

地　形	高　木　広　葉　樹
尾　根	ミズナラ等
斜　面	ミズナラ、クスノキ、センダン、タブノキ、ホオノキ、ヤマザクラ等
谷	カツラ、キハダ、クスノキ、サワグルミ、センダン、タブノキ、トチノキ、ホオノキ、ヤマザクラ等

(注) ミズナラは、標高の高い箇所での植栽となります。

①クヌギやコナラなどの有用広葉樹を伐採し、ぼう芽による更新を行う場合
②移動距離や搬出距離が遠く、経費が嵩むため経済林として成り立たない場合 等

ただし、次のような早期の更新が期待できない場合は、更新補助作業又は植栽により更新を促す必要があります。

・種子を供給する母樹が近隣に存在しない場合
・天然稚幼樹の育成が期待できない場合
・面積の大きな針葉樹の人工林であって、林床に木本類が見られず、気候、地形、土壌、周囲の状況等によって、皆伐後も木本類の侵入が期待できない場合

※天然更新の対象樹種
適地適木を基本として、地域の自然・立地条件、それぞれの樹種の特質などを考えて、健全な森林の成立が見込まれる樹種を選んでください。

対象となる樹種は、スギ、ヒノキ、マツ類、モミ類、ツガ類、ケヤキ等の将来その林分において高木になりうる樹種です。

また、皆伐した樹種がぼう芽によって再生するぼう芽力の大きな樹種は、ナラ類、カシ類、シイ類、クヌギ、タブノキ等です。

主要参考文献
・林業技術ハンドブック（全国林業改良普及協会）
・造林技術基準（日本造林協会・林野庁監修）
・地域森林計画書（高知県）
・天然更新完了基準書作成の手引き（林野庁）

岐阜県
郡上市皆伐施業ガイドライン
～森林の伐採を行う伐採事業者の皆様へ～

平成26年2月
郡上市

※一部抜粋して掲載

転載元
http://www.city.gujo.gifu.jp/admin/info/docs/guideline02.pdf

1．ガイドラインの目的

このガイドラインは、郡上市における森林の皆伐施業の留意事項を示したものです。伐採事業者がこのガイドラインの趣旨を理解し遵守していただくことで、皆伐による森林の公益的機能の低下や環境の悪化を防止し、郡上市の森林環境の保全と豊富な木材資源の持続的な利用を図ることを目的としています。

2. ガイドラインの対象

(1) 対象事業

このガイドラインは、郡上市内の民有林における皆伐施業が対象となります。ただし、法令等の認可を受けた伐採は除きます。

(2) 対象者

郡上市内の森林所有者や伐採事業者だけでなく、市外の森林所有者や事業者による皆伐施業も対象となります。

3. 伐採前の手続きと計画作成について

(1) 伐採制限の確認・手続き

伐採を予定している森林について、郡上市森林整備計画との適合性や法令や制度に基づく必要な手続きを行ってください。

○保安林や自然公園等に指定され、伐採の制限が定められている森林では、県等への許可申請などが必要ですので、関係機関に確認してください。

○過去5年間（事業によっては5年以上）のうちに、国や県の補助を受けて間伐等が行われた森林は、伐採すると補助金の返還等が発生することがあるので、事前に施業委託先の事業者等に施業履歴を確認してください。

○森林経営計画（※1）や森林施業計画（※2）の作成された森林では、計画内容の変更が必要な場合があるので森林所有者や計画作成者等と協議のうえ、必要に応じて計画変更手続きを行ってください。

○郡上市森林整備計画の立木竹の伐採に関する事項、造林に関する事項やゾーニング森林に関する指定の施業基準を確認してください。

○保安林に指定されていない場合は、伐採届（「伐採及び伐採後の造林の届出（森林法第10条）」）を伐採開始の30日前までに市へ提出してください。森林経営計画が作成された森林では、森林経営計画に基づく伐採の届出（森林法第15条）が必要です。
なお、伐採届（法第10条）は、森林所有者と伐採事業者が異なる場合は連名で提出しますが、伐採届に記載した内容については、両者が遵守義務を負うことになりますので十分留意してください。

※1　森林経営計画　森林所有者又は森林所有者から森林の経営の委託を受けたものが一体として整備で

きる森林について、5年を1期として立てる森林の経営に関する計画。

※2　森林施業計画　森林所有者等が一定のまとまりのある森林で立てる長期の森林施業方針と具体的な伐採、植栽に関する計画。

(2) 伐採前の計画作成

事業者は将来的な山の利用方法や管理方法について、森林所有者の意思を確認したうえで、伐採の規模や林地の状況に応じた伐採と更新の計画を作成してください。

○計画の作成にあたって、土地・立木の権利関係等を確認してください。

○森林の所有界が不明確な場合や伐採により隣接地への影響が想定される場合は、隣接地の所有者に確認し、合意を得てください。

○植栽に補助事業を受けられるように、森林組合等の造林事業者と連携を図り、森林経営計画の作成や編入、また補助事業活用の調整を事前に行ってください。

○人工林の伐採で天然更新が予定されている場合は、伐採後の更新が図られやすいよう、事前に間伐等により更新樹種の成長を促す施業の提案をしてください。

○伐採方法や植栽等について具体的な計画を作成してください。１ha以上の皆伐を行う場合には、伐採届（「伐採及び伐採後の造林の届出」）とあわせて、「皆伐作業計画書」（別記第1号様式）と「皆伐前のチェックリスト」（別記第2号様式）を作成してください。なお、森林経営計画等に基づく伐採の場合は、作成の必要はありません。

○伐採事業者は、森林所有者の意向を確認しつつ、伐採前から伐採後の植栽を考慮した伐採作業計画を立てていただくとともに、補助事業による植栽が決定されている場合は、造林事業者と調整を図った伐採作業を行ってください。

○人工林の伐採後は、植栽による更新が必要です。特に、道路に近い、傾斜が緩いなど木材生産に適している場所では、伐採を計画する際に森林所有者に植栽を提案してください。

○林内や周囲に母樹となる樹がない、ササ等による林地の被圧の影響が大きい等、天然更新の可能性が低い森林では、植栽を提案してください。

4．伐採と作業道の開設について

（1）皆伐箇所

伐採する森林によっては、公益的機能の低下や、環境の悪化、災害の発生を引き起こすことがありますので、作業の実施に際し十分配慮してください。

○急傾斜（概ね45°以上の傾斜）や岩石地等の森林では、災害の危険性がありますので皆伐を控えてください。

○尾根筋や谷筋等の環境又は防災上保全が必要な森林や、人家や道路沿いの急傾斜（概ね30°以上の傾斜）で、土壌の流出や落石を防止するために保全が必要な森林では、皆伐を控えてください。

○水源地域保全条例に指定された重要水源の森林や渓流沿いの森林、環境保全や観光資源として景観を保つため、重要な森林では、極力皆伐は行わないでください。

○標高１４００Ｍ以上、又は積雪が2･5ｍ以上ある森林では、伐採後森林への回復が困難となりますので、大面積の伐採は行わないでください。

○ササ等が地面を覆ってしまう場所や、土壌が極めて悪い場所は、伐採すると森林の更新が難しいため、択伐（※３）等により裸地化を防止してください。

○伐採後にシカ等による被害を受けることが考えられる地域では、大面積の皆伐は極力行わないでください。

※3　択伐　伐採しても良い時期に達した木を抜き切りすること。

（2）皆伐面積

大面積の皆伐をすると森林への回復が遅れ、防災面や環境への影響が考えられますので、大面積の皆伐はなるべく避けて小面積に区分した皆伐としてください。

○5ha以上の皆伐を行う場合は、伐採区域や伐採時期を分散させるとともに、保護樹帯を設け、防災面に十分配慮した施業を行ってください。

（3）伐採作業

伐採作業は伐採後の植栽作業や森林の早期回復を意識して、林地を荒らさない方法で行ってください。また、伐採した木材の搬出・運搬等にあたっては、地域住民に配慮した方法で行ってください。

○急傾斜地（概ね45°以上の傾斜）や岩石地では、森林の回復が遅く、土砂の流出や落石の危険があることから、皆伐を控え、保残木（※4）を集団的に配置して林地を保護してください。

○尾根筋、谷筋、人家、道路沿いの急傾斜地（概ね30°以上の傾斜）等防災上の観点から保全が必要な箇所では、皆伐を控え、保護樹帯（※5）を列状又は塊状で残してください。

○天然更新が予定されている場合は、皆伐後の植生の回復を早めるため、尾根筋や一定面積ごとに有用な母樹（※6）を残してください。木材利用しない広葉樹や搬出しない樹木は、極力伐採せず母樹や後継樹として残してください。

○伐採後の植栽作業を想定し、伐採作業時から伐採後の地拵え等の作業が効率的に行えるよう枝条（※7）類の整理に努めるとともに、造林事業者が決まっている場合は、造林事業者と現場の後処理や作業工程等の調整を図ってください。

○指示者は、伐採作業に対して、事前に保護樹帯、保残木、残す母樹について明確な指示をして誤伐を防止してください。また、作業効率を重視するあまり注意が疎かになり、保護樹帯、保残木を損傷しないよう注意してください。

○林内での重機の移動は、地形や安全作業に配慮しつつ必要最小限の移動とするとともに、枝条を敷き詰めて路面を保護するなどの対策を講じ、林地を踏み荒らさない配慮をしてください。

○枝条類は、雨水により谷川へ流れ出すことがないよう、谷沿いへの集積は避けるなど災害防止に努めてください。また、伐採現場の道路脇に枝条を山積みするなど乱雑な枝条の処理はしないでください。

○天然更新地では、枝条類は萌芽更新や下種更新の妨げとならないよう、山積みを避けて分散し集積してください。

○伐採作業の実施について、地域住民や入山者、他の林業関係者の安全を確保し、不安を招かないよう、1ha以上の伐採作業等の実施については、作業案内看板（206頁参照）を設置するとともに、必要に応じて地域の自治会等に事前に連絡してください。

○木材の搬出・運搬等により、地域の生活道路や林道を損壊することのないよう注意してください。なお、損壊した場合は速やかに管理者に報告し、指示に従い修復をしてください。

○木材の搬出・運搬等で市道等の通行や安全に支障が出る場合は、市又は県へ道路占用許可申請等の必要な手続きを行ってください。

※４　保残木　部分的に木を残すこと。
※５　保護樹帯　土壌流出や落石の防止等の効果を期待できるよう皆伐時にベルト状に木を残したもの。
※６　母樹　自然な種子散布により次の世代の木を更新させるため残存させる木のこと。
※７　枝条　木の枝のこと。

（４）作業道の開設

作業道の開設にあたっては、将来的な利用の可能性や設置の必要性についてよく検討したうえで、その目的にあった災害に強く安全に走行できる作業道を開設してください。

○急傾斜地や地形・地質の条件が悪く、崩壊の危険性や谷水への影響が大きいと考えられる箇所では、作業道の開設は避けてください。

○作業道は、地形や水の流れを十分検討し、安全作業と開設後の維持管理や使用後の森林への復旧のことを考慮し、地形の改変を極力控えた、必要最小限の開設としてください。

○梅雨期、台風など、まとまった降雨が予想される時期や降雨中や降雨直後の施工は避けてください。

○作業道の開設中、使用中、使用後においては、雨水による路体の浸食を防止するため、横断溝（※8）や沈砂ポケット（※9）の設置等の路面排水対策を徹底してください。特に、生活用水の水源地では十分注意してください。

○取水施設の近くに作業道を開設する場合は、施設管理者と十分に調整を図ってください。

※8　横断溝　道を横断する排水施設。
※9　沈砂ポケット　濁水を一時的に沈砂させるための小規模な池。

5．伐採後の更新と管理について

（1）伐採後の更新

採跡地が確実に更新される方法により行ってください。なお、伐採後に更新がされない場合には、植栽等の措置をしてください。

○人工林を皆伐すると天然更新が難しいため、植栽を行ってください。なお、道路に近い、傾斜が緩いなど木材生産林として条件の良い森林は、資源の循環利用を進めるためにも、積極的に植栽を行ってください。

○シカ等の食害が想定されるような場合は、植栽とあわせて柵やネット等を設置するなどの食害防止対策を行ってください。

○伐採後にササ等が繁茂することが想定される箇所では、植栽等によって、すみやかな植

皆伐施業における手続き等の流れ

1．対象森林について確認

伐採制限、補助履歴、委託契約内容、所在地等について確認する。

↓

2．伐採と更新の計画を作成

関係者と十分協議し、伐採後の更新した計画を作成する。

↓

3．作業実施前の手続き

伐採届出、道路占用許可申請、事前周知、看板の掲示等を実施する。

↓

4．皆伐・植栽作業の実施

災害防止や林地の保全、伐採後の更新に配慮した作業を実施する。

↓

5．伐採後の確認と管理

計画どおり実施されたか確認と、継続した管理を行う。

生回復を図ってください。

(2) 伐採後の管理

森林の更新や森林の持つ公益的機能の低ドによる環境の悪化を防止するために、伐採後の管理は大変重要な作業であるためしっかり行ってください。

○作業道は、作業終了後に必要な補修を行うとともに、排水対策を施し、路面の洗掘を防止してください。

○伐採作業に際して使用した燃料やオイル類の空き缶等の産業廃棄物は、現場に残さず所定の手続きに従って処分してください。

○伐採事業者及び造林事業者は、作業完了後に必ず森林所有者の確認を受けてください。

看板の設置について

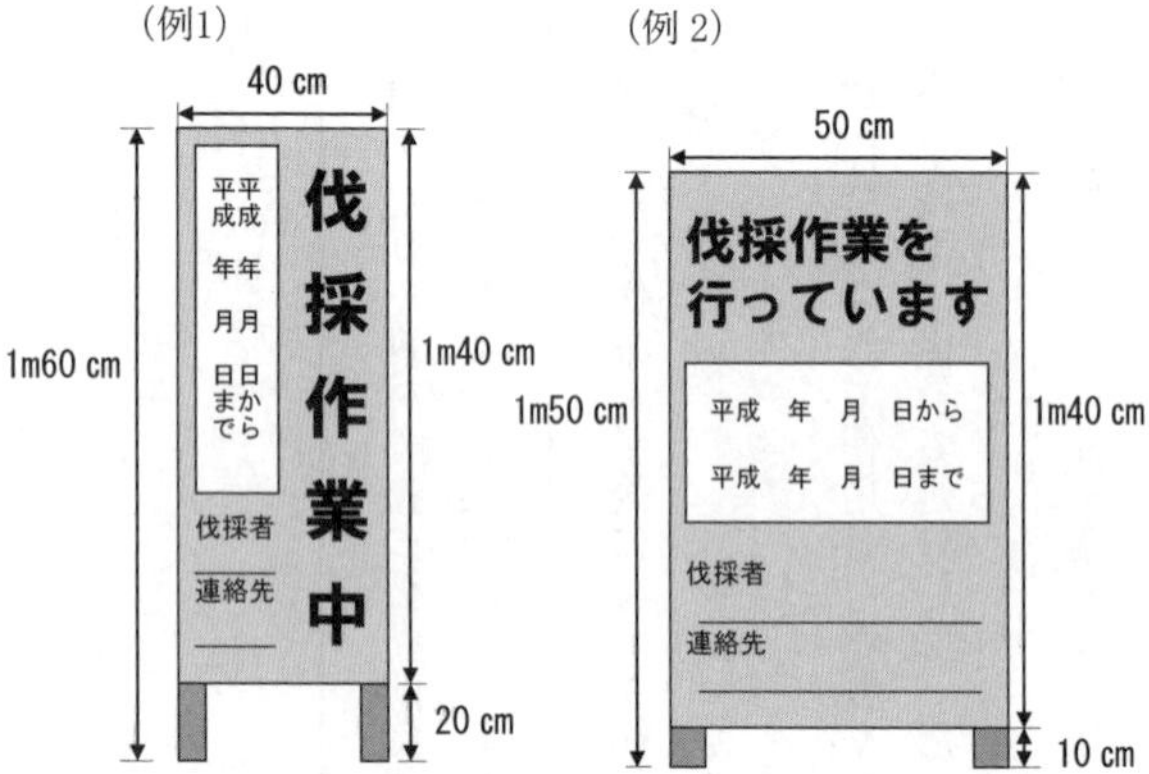

※ 看板のサイズは目安ですが、草木類に隠れないよう、縦1m・横30 cm以上のものとしてください。

○作業道は、森林整備のために利用する道であるため、鎖や注意看板等により関係者以外の侵入防止策を施し、事故や山火事、不法投棄等の防止に努めてください。

看板の設置について

皆伐作業実施期間中は、よく見える場所に伐採作業中であることが分かる看板を設置してください。

看板記載内容

伐採作業中の表示

伐採期間

伐採者名（伐採業者名）

連絡先

別記第１号様式 皆伐作業計画書

【事業者用】

別記第１号様式　皆伐作業計画書

森林の所在	
所有者	
伐採者	（住　所） （氏名・会社名）
造林者	（住　所） （氏名・会社名）
集材方法	□重機集材　□架線集材　□その他（　　　　）
保残木	□保残木有（　　箇所　　本）　□保残木無
保護樹帯	□保護樹帯有（幅：　　m　列数：　　列）□保護樹帯無
枝条処理	□林内集積　□搬出　□その他（　　　　）
作業道開設	□作業道開設有（延長　　m）　□作業道開設無
獣害対策	□有（防護柵・防除ネット・その他　　　　）　□無

（伐採箇所図）

※凡例を用いて作業内容を具体的に示してください。森林計画図に書き込んでもかまいません。

▲保残木　■保護樹帯　━作業道　⬭伐採箇所（赤）　⬭植栽箇所（緑）　⬭集材箇所

別記第２号様式 皆伐前のチェックリスト（事業者用）

項目	確認事項	はい	いいえ	該当無
確認・手続き	・保安林、自然公園等伐採制限のある森林でない。	□	□	＼
	・過去の補助履歴を確認した。	□	□	□
	・森林経営計画や森林施業計画が作成された森林は、計画内容の変更について確認した。	□	□	□
	・郡上市森林整備計画の伐採や造林に関する事項、ゾーニング森林別の施業基準を確認した。	□	□	□
	・「伐採及び伐採後の造林の届出書」を伐採開始30日前までに市へ提出した。	□	□	□
計画作成	・土地・立木の権利関係等を確認した。	□	□	□
	・境界が不明確な場合等、隣接地の所有者に確認し、合意を得た。	□	□	□
	・植栽に補助事業を活用する場合は、事前に手続きを行った。	□	□	□
	・天然更新の場合、森林所有者に伐採後の更新が図られやすい施業の提案をした。	□	□	□
	・1ha以上の皆伐の場合は、「皆伐作業計画書」と「皆伐前のチェックリスト」を作成した。	□	□	□
	・伐採事業者は、伐採方法や伐採後の植栽を考慮した具体的な作業計画を立てた。	□	□	□
	・木材生産に適した場所や天然更新の可能性が低い森林では、森林所有者に再造林を提案した。	□	□	□
皆伐箇所	・急傾斜や岩石地等の皆伐を控える森林でない。	□	□	＼
	・尾根筋や谷筋、人家や道路沿いの急傾斜等、皆伐を控える森林ではない。	□	□	＼
	・県条例に指定された重要水源の森林や渓流沿い森林、環境や観光資源として重要な森林でない。	□	□	＼
	・標高1,400m以上、又は積雪が2.5m以上ある森林でない。	□	□	＼
	・ササ等の被覆が想定される場所や土壌が極めて悪い場所ではない。	□	□	＼
	・伐採後にシカ等の被害が想定される地域ではない。	□	□	＼
皆伐面積	・5ha以上の皆伐の場合は、伐採区域や伐採時期を分散させるとともに、保護樹帯を設けた。	□	□	□
伐採作業	・急傾斜地や岩石地では、保残木を集団的に配置する計画とした。	□	□	□
	・尾根筋、谷筋、人家、道路沿いの急傾斜地等では、保護樹帯を列状又は塊状で残す計画とした。	□	□	□
	・天然更新の場合は、尾根筋や一定面積ごとに母樹を残す計画とした。	□	□	□

項目	確認事項	はい	いいえ	該当無
伐採作業	・伐採後の地拵え等の作業が効率的に行えるよう、枝条類の整理や造林事業者との調整を図る。	□	□	□
	・保護樹帯、保残木、残す母樹について明確な指示をし、損傷しない。	□	□	□
	・林内での重機の移動は、路面を保護し、必要最小限の移動となる計画とした。	□	□	□
	・枝条類は谷沿いへの集積を避け、また、天然更新地では、山積みを避け分散集積する。	□	□	
	・伐採現場の道路脇に枝条を山積みにするなど乱雑な枝条処理をしない。	□	□	
	・1ha以上の伐採作業実施については作業案内看板を設置し、必要に応じて自治会等に連絡する。	□	□	
	・車両の通行等で道が損壊しないよう注意し、損壊した場合は管理者に報告し指示に従う。	□	□	□
	・道路の使用に際し、道路占有許可申請等の必要な手続きを行う。	□	□	□
作業道	・開設箇所は、急傾斜地や谷水への影響が考えられる箇所ではない。	□	□	□
	・開設箇所は、地形や水の流れを十分検討した必要最小限の開設とする。	□	□	□
	・まとまった降雨が予想される時期や降雨中や降雨直後の施工は避ける。	□	□	□
	・開設中、使用中、使用後において、路面排水対策を徹底する。	□	□	□
	・取水施設の近くに開設する場合は、施設管理者と十分に調整を図る。	□	□	□
更新	・人工林の皆伐の場合は、植栽を行う。	□	□	□
	・シカ等の食害が想定される場合は、柵やネット等の設置を行う。	□	□	□
	・伐採後にササ等の繁茂が想定される場合は、植栽等により速やかな植生回復を図る。	□	□	□
管理	・作業道は作業終了後に必要な補修を行う。	□	□	□
	・燃料やオイル類の空き缶等の産業廃棄物は、所定の手続きに従って処分する。	□	□	□
	・作業完了後に森林所有者の確認を受ける。	□	□	□
	・森林作業道は、事故、不法投棄の防止策を講じる。	□	□	□

本書の著者・編集協力

第1編　事例

鹿児島県森林経営課
岐阜県郡上市農林水産部林務課

第2編　事例

遠藤 芳則
北海道 人工林資源保続支援基金事務局

山本　聡
やまぐち木の家ネットワーク事務局（株式会社トピア）

濵田 浩二
徳島県西部総合県民局農林水産部
（三好）林業振興担当課長

川村　晃
大分県森林再生機構事務局長

第3編　事例

佐伯広域森林組合（大分県）
大台町苗木生産協議会（三重県）

資料編

宮崎県　ＮＰＯ法人ひむか維森の会
長野県林務部
高知県林業振興・環境部
岐阜県郡上市農林水産部林務課

林業改良普及双書 No.184

主伐時代に備える—
皆伐施業ガイドラインから再造林まで

2017年2月20日　初版発行

編著者 —— 全国林業改良普及協会

発行者 —— 渡辺政一

発行所 —— 全国林業改良普及協会
〒107-0052 東京都港区赤坂1-9-13 三会堂ビル
電 話　03-3583-8461
FAX　03-3583-8465
注文FAX　03-3584-9126
H P　http://www. ringyou. or. jp/
装　幀 —— 野沢清子（株式会社エス・アンド・ピー）

印刷・製本 —— 株式会社 技秀堂

2017 Printed in Japan
ISBN978-4-88138-344-5

林業改良普及双書　既刊

186　椎野先生の「林業ロジスティクスゼミ」
ロジスティクスから考える林業サプライチェーン構築
椎野　潤　著
ロジスティクスの視点でみる、サプライチェーン・マネジメントの効用。わが国の林業の未来戦略を読み解く。

185　**「定着する人材」育成手法の研究**
―林業大学校の地域型教育モデル
全林協　編
若い人材育成と定着を目標に、教育機関ではカリキュラムの工夫や特色を打ち出し、地域と一体となって取り組む事例を紹介。

184　**主伐時代に備える**
―皆伐施業ガイドラインから再造林まで
全林協　編
皆伐施業の意味を知り、林業を持続させるための再造林について各地域の活発な事例を紹介。

183　**林業イノベーション**
―林業と社会の豊かな関係を目指して
長谷川尚史　著
林業の技術、システムや流通、それらのデータや分析など、日本林業のイノベーションの方向性と効果を分析し、整理した一冊。

182　**木質バイオマス熱利用でエネルギーの地産地消**
相川高信、伊藤幸男ほか　共著
地域の材と人材で地域に熱エネルギーを供給するという新たな産業の、事業から個別施設での事業化など実践例を紹介。

181　**林地残材を集めるしくみ**
酒井秀夫ほか　共著
林地残材を効率よく集荷し、地域レベルで利活用する。事業化や行政の支援など、実践事例を紹介。

180　**中間土場の役割と機能**
遠藤日雄、酒井秀夫ほか　著
造材・仕分け、ストック、配給、在庫調整、管理組織整備による価格交渉、与信、情報共有の機能を各地の事例から紹介。

179　**スギ大径材利用の課題と新たな技術開発**
遠藤日雄ほか　著
大径材活用の方策と市場のゆくえを整理し、「積層接着合わせ梁材」等、各地で進む新たな木材加工技術開発を探る。

178　**コンテナ苗　その特長と造林方法**
山田　健ほか　著
期待されるコンテナ苗。その特長から育苗方法、造林方法、省力・低コスト造林の手法まで理解する最新情報をまとめた。

※定価／No.145～186：本体1,100円+税、他は本体923円+税

177 協議会・センター方式による所有者取りまとめ―森林経営計画作成に向けて 全林協 編

協議会・センターなどの地域ぐるみの連携組織で、取りまとめや集約化、森林経営計画作成等を行う効率的実践手法。

176 竹林整備と竹材・タケノコ利用のすすめ方 全林協 編

放置竹林をタケノコ産地、竹材・竹炭・竹パウダー、整備を行い市民のフィールドとして活用する等の事例を紹介。

175 事例に見る　公共建築木造化の事業戦略 全林協 編

予算確保、設計・施工工夫、耐火、設計条件規制のクリアなど、公共建築物の木造化・木質化に見る課題と実践ノウハウ。

174 林家と地域が主役の「森林経営計画」 後藤國利　藤野正也 共著

森林経営計画制度と間伐補助について、どのように活用するか、実践者の視点でまとめた。

173 将来木施業と径級管理―その方法と効果 藤森隆郎 編著

従来の密度管理の考えではなく目標径級を決めて行う「将来木施業」とは何かを、事例を紹介しながら解説。

172 低コスト造林・育林技術最前線 全林協 編

伐採跡地の更新をどうするか。人工造林による持続する森づくりのための低コスト技術による実証研究を概観。

171 バイオマス材収入から始める副業的自伐林業 中嶋健造 編著

地域ぐるみで実践する「副業的自伐林業」。収益実現が可能な仕組みと地域興しへの繋がりを紹介。

170 林業Q&A　その疑問にズバリ答えます 全林協 編

林業関係者ならではの疑問・悩みに、全国のエキスパートが聞き役となり実践的にアドバイス。

169 「森林・林業再生プラン」で林業はこう変わる！ 全林協 編

再生プランを地域経営、事業体経営にどう生かすか。経営戦略、施業、材の営業・販売の実践例。

168 獣害対策最前線　全国林業改良普及協会 編
シカ、イノシシ、サル、クマなどの獣害に悩み、解決に向けて懸命の活動をつづける現地からの最前線レポート。

167 木質エネルギービジネスの展望　熊崎　実 著
海外の事情も紹介しながら木質エネルギービジネスについて展望したもので、新しい技術も解説している。

166 普及パワーの施業集約化　林業普及指導員＋全林協 編著
団地化、施業集約化に向けての林業再生戦略を普及活動の主導により進める手法について、実践例を基に紹介。

165 変わる住宅建築と国産材流通　赤堀楠雄 著
住宅建築をめぐる状況や木材の加工・流通などがどう変わってきたのかを、現場の取材を踏まえて明らかにする。

164 森林吸収源、カーボン・オフセットへの取り組み　小林紀之 編著
地球温暖化対策の流れとともに、拡がる森林吸収源の活用、カーボン・オフセットなどへの取り組みを紹介。

163 間伐と目標林型を考える　藤森隆郎 著
管理目標を「目標林型」として具体的に設定するための考え方、そこへ向かう過程としてのよりよい間伐を解説。

162 森林の境界確認と団地化　志賀和人 編著
森林整備の鍵を握る境界確認と団地化について整理するとともに、全国7地域の取り組みを紹介。

161 普及パワーの地域戦略　林業普及指導員＋全林協 編著
地域における普及実践活動の記録である。集約化・団地化施業、地域活性化、獣害・災害対策の3編構成。

160 森林づくり活動の評価手法—企業等の森林づくりに向けて　宮林茂幸 編著
森林づくり活動を定量的、定性的に評価する方法を紹介したもので、企業、市民等の意識をさらに醸成してゆく。

159 **大橋慶三郎 道づくりと経営**
大橋慶三郎 著
道づくりの第一人者、大橋慶三郎氏が、林業生活60年で学んだ山の道づくりと経営について、その神髄をまとめた。

158 **地域の力を創る—普及が林業を変える**
白石善也 著
地域の力をまとめ、ビジネスモデルを発掘・普及し、地域型技術の合意形成、課題解決をはかる普及手法を紹介。

157 **ナラ枯れと里山の健康**
黒田慶子 編著
被害が拡大しつづけているナラ枯れについて、その原因と里山での対策をやさしく解説する。

156 **GISと地域の森林管理**
松村直人 編著
森林管理にGIS等を使いこなす各地の取り組みと課題、可能性を紹介し、新たな森林管理を探る。

155 **車いす林業 仕掛け人交流記**
白松博之 著
車いすで、交流・滞在・定住の仕掛けづくりに奔走する林家の実践記。間伐材魚礁、「あったか村」にも取り組む。

154 **列状間伐の考え方と実践**
植木達人 編著
列状間伐の種類、条件、課題などとともに、工夫・改善を凝らしながら取り組んでいる各地の事例を紹介。

153 **長伐期林を解き明かす**
全林協 編
長伐期林を徹底分析。画一的な長伐期化を避け、長伐期林のメリットを活かす途を探る。

152 **森をささえる土壌の世界**
有光一登 著
森林生態系の中で重要な役割を果たしている土壌のはなしを、現場の技術者や一般市民にもわかりやすく解説。

151 **まちの樹クリニック**
神庭正則 著
庭や公園・道路など、まちで見られる樹木の診断・治療に長年あたってきた樹木医の実践記録。